DIE DAMPFMASCHINE UND IHRE STEUERUNG

DIE DAMPFMASCHINE

UND IHRE

STEUERUNG

LEITFADEN

ZUR

EINFÜHRUNG IN DAS STUDIUM DES DAMPFMASCHINEN-
BAUES AUF GRUND DER DIAGRAMME VON ZEUNER,
MÜLLER UND DER SCHIEBER-ELLIPSE

VON

AD. DANNENBAUM

DIPL.-ING.

INGENIEUR BEI BLOHM UND VOSS

MIT 82 TEXTFIGUREN UND 11 TAFELN

MÜNCHEN UND BERLIN

DRUCK UND VERLAG VON R. OLDENBOURG

1908

Vorwort.

Dieses Lehrbuch soll ein Leitfaden sein zur Einführung in das Studium des Dampfmaschinenbaues, konzentriert in seinem wichtigsten Gliede, der Dampfmaschinensteuerung. Es soll Anleitung geben, das Wesen der Maschine zu erforschen, unter Anwendung der Kritik, die das beste Lehrmittel darstellt, um denken zu lernen und abzuwägen zwischen Theorie und Praxis. Das aber setzt voraus, daß der Studierende, und für diesen ist das Büchlein hauptsächlich bestimmt, den Grundgedanken der Dampfmaschine beherrschen lernt; und das geschieht am besten, indem er ihn von verschiedenen Standpunkten aus betrachtet.

Wer den Dampfmaschinenbau zu seinem künftigen Lebensberuf wählt, dem kann ich nichts Besseres raten, als auf Grund dieser Vorschule sich an der tiefer gehenden Arbeit von C. Leist weiterzubilden.

Mit meinem Danke an Herrn Professor Dr.-Ing. G. Schlesinger, Charlottenburg, dem ich die Anregung zu dieser Arbeit und einen großen Teil des verwendeten Materials verdanke, übergebe ich das Buch dem wohlwollenden Urteile meiner hochgeschätzten Fachgenossen.

Hamburg, 1908.

Ad. Dannenbaum.

Inhaltsverzeichnis.

Literatur-Angabe.

C. Leist, Die Steuerungen der Dampfmaschinen.

Seemann, Die Müllerschen Schieberdiagramme.

Zeuner, Die Schiebersteuerungen.

Pechan, Leitfaden des Maschinenbaues.

Uhland, Skizzenbuch für den praktischen Maschinenkonstrukteur.

Zeitschrift des Vereins deutscher Ingenieure 1890, 1894, 1902.

Unter Steuerungen versteht man diejenigen konstruktiven Einrich-
tungen der Dampfmaschine, die dazu dienen, sie dauernd in Bewegung zu
erhalten. Durch sie wird der frische Dampf rechtzeitig in den Zylinder
eingelassen und der verbrauchte Dampf ebenso aus dem Zylinder entfernt,
sie besorgen mit anderen Worten die richtige Dampfverteilung. In
ihrer Ausbildung und Anordnung weisen die Dampfmaschinensteuerungen
große Verschiedenheiten auf, je nach dem Zweck und der Anlage der
Maschine; sie lassen sich aber in bezug auf ihre Wirkungsweise nach bestimmten Gesichtspunkten zusammenfassen und darstellen. Da im heutigen
Dampfmaschinenbau fast nur solche Steuerungen Verwendung finden, deren
Abschlußorgane von der Kurbelwelle der Dampfmaschine aus eine hin und
her gehende Bewegung durch Kurbel, Exzenter, Daumen usf. erhalten, so
sollen die Betrachtungen und Untersuchungen im folgenden sich auch nur
auf solche, und zwar auf die wichtigsten und verbreitetsten von ihnen
erstrecken.

I. Allgemeine Grundlagen der Steuerungen und ihrer geometrischen Darstellungsarten.

Der einfache Muschelschieber.

Zur Ableitung und Entwicklung der allgemeinen und für alle Steuerungen gültigen Grundlagen diene die einfachste und verbreitetste derselben, die Muschelschiebersteuerung. Charakteristisch für diese, deren
Steuerungsorgane sowohl als Flachschieber als auch als Kolbenschieber ausgebildet sich vorfinden, ist der gemeinsame Auslaß des Dampfes von beiden
Zylinderseiten her und das Zusammenziehen der Kanäle nach der Mitte zu.
Durch dieses Zusammenziehen wird geringe Baulänge des Schiebers erreicht
und damit auch Leichtigkeit und Einfachheit desselben und des zugehörigen

Zylinders. Fig. 1 zeigt einen sog. Normalschieber, d. h. einen Schieber, dessen Kanten in der Mittelstellung genau mit den Dampföffnungen des Schieberspiegels abschließen; mit einem solchen Schieber kann der Dampf ein und ausgelassen werden, der Schieber muß nur zu diesem Zwecke eine genau symmetrische Bewegung erhalten, den linken Kanal (Fig. 1) freigeben, wenn der Kolben sich aus seiner Totlage von links nach rechts bewegen soll und umgekehrt. Dies erfordert, daß die bewegende Schieberkurbel senkrecht zur Maschinenkurbel steht (Fig. 2). Theoretisch würde hierbei eine Vollfüllung erfolgen, und das Dampfdiagramm, das man erhält, wenn als Abszissen die Kolbenwege und als Ordinaten die Dampfdrücke graphisch aufgetragen werden, müßte ein Rechteck sein, da der Schieber in der einen Totlage öffnet und erst in der anderen wieder absperrt. Aus einer derartigen graphischen Darstellung (Fig. 3 ausgezogene Linie) ergibt sich aber auch ohne weiteres, daß es unmöglich ist, einen solchen Schieber so zu verwenden, denn die Bedingung, im Hubwechsel der Maschine den Dampfdruck sofort voll auftreten zu lassen und ihn ebenso im anderen Hub-

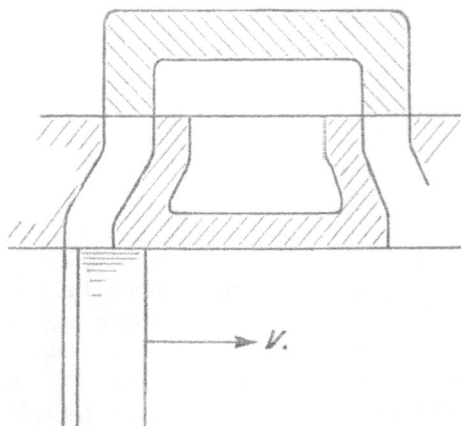

Fig. 1.

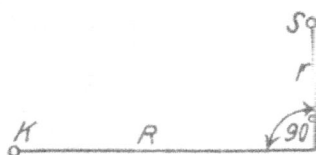

Fig. 2.

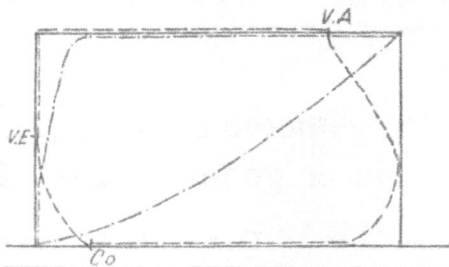

Fig. 3.

wechsel sofort wieder ganz aufzuheben, ist wegen der physikalischen Eigenschaften des Wasserdampfes nicht erfüllbar. Der Dampf muß fließen, d. h. er gebraucht eine bestimmte Zeit für seine Bewegung, die noch durch den Umstand vergrößert wird, daß er auch den immer vorhandenen Raum zwischen Schieberspiegel und Kolben in den Totlagen, den sog. schädlichen Raum auffüllen muß, ehe er zur Arbeit gelangt. Das ursprüngliche Rechteck, wird sich in Wirklichkeit so gestalten, wie es die strichpunktierte Linie in Fig. 3

ergibt: voller Dampfdruck wird erst nach einer gewissen Zeit auftreten; außerdem entsteht auf der entgegengesetzten Zylinderseite ein Gegendruck, durch den der Dampf nicht zur rechten Zeit und in voller Größe herausgelassen werden kann, der sogar so groß werden kann, daß er die Hälfte der vom Dampf geleisteten Arbeit aufzehrt. Ein- und Ausströmung werden also verzögert. Um diese nachteilige Wirkung aufzuheben, ist es nötig, daß man dem Dampf Zeit gewährt, sich richtig zu verteilen, er muß vor dem Hubwechsel in den Zylinder hineingelangen und schon vor dem anderen Hubwechsel ihn zu verlassen beginnen. Diese Zeitgewährung nennt man das »Voreilen«. Ohne Voreilung ist eine richtige, d. i. ökonomische Dampfverteilung nicht zu erreichen. Beim einfachen Muschelschieber erzielt man die Voreilung dadurch, daß man seine steuernden Kanten mit

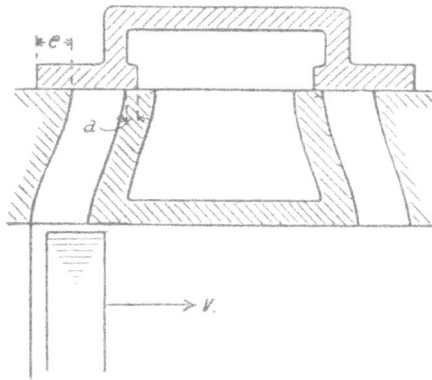

Fig. 4.

Deckung versieht, und zwar sowohl an der inneren als auch an der äußeren Kante. Sie werden mit

$e =$ Einlaßdeckung (an der äußeren Kante),

$a =$ Auslaßdeckung (an der inneren Kante)

bezeichnet (Fig. 4).

Wenn der Kolben der Dampfmaschine im toten Punkt steht, muß nun nach dem oben Gesagten der Schieber bereits ein gewisses Stück v_e freigegeben haben, das man das lineare Voreilen nennt (Fig. 5). Daraus folgt, daß er im Hubwechsel um das Stück $e + v_e$ aus seiner Mittelstellung verschoben sein muß und ähnlich auch um das Stück $a + v_a$ innen, derart, daß $e + v_e = a + v_a$ ist. Man erzielt dies dadurch, daß der Antrieb durch die Schieberkurbel unter einer Versetzung, die größer ist als 90° gegenüber der Maschinenkurbel, erfolgt. Der Winkel δ (Fig. 6), um welchen diese Versetzung größer ist als 90°, heißt Voreilwinkel. Er ist von entscheidender Wirkung auf die Arbeitsweise der Steuerung. Der vom Schieber in jedem Augenblick zurückgelegte Weg berechnet sich nunmehr in nachstehender Weise: Dreht sich die Maschinenkurbel um einen beliebigen Winkel α, so dreht sich die Schieberkurbel um den gleichen Winkel α weiter, und aus Fig. 7 ist ohne weiteres die Beziehung:

$$\text{Schieberweg} = \xi = r \sin (\delta + \alpha)$$

ersichtlich, wobei r der Radius des Kurbelkreises für den Schieberantrieb bzw. die Exzentrizität ist.

Diese Ableitung des Schieberweges aus seinem geometrischen Zusammenhange ist die Grundlage für alle Methoden der graphischen Behandlung der Steuerungen, der sog. Steuerungsdiagramme. So oft sich das in Fig. 7 schraffierte Dreieck, das Beziehungsdreieck, darstellen läßt, ebenso viele verschiedene Methoden der graphischen Darstellung der Schieberbewegung lassen sich erzielen. Am häufigsten werden heute drei dieser Methoden angewendet; sie lassen sich auf folgende Weise aus dem Beziehungsdreieck herleiten:

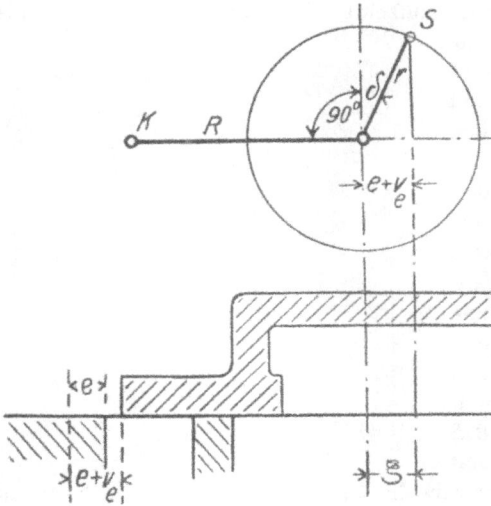

Fig. 5 und 6.

I. Nimmt man den Punkt O als Anfangspunkt eines rechtwinkligen Koordinatensystems und trägt

$$\sphericalangle\, YOA = \delta$$
$$\sphericalangle\, XOB = u$$

und $$OA = r$$

auf, vervollständigt alsdann das rechtwinklige Dreieck OAB, so ist

$$OB = \xi = r \cdot \sin \cdot (\delta + u).$$

Der geometrische Ort für die Spitzen B der rechtwinkligen Dreiecke OAB ist ein Kreis. In dieser Art der Bestimmung des Beziehungsdreiecks nach Fig. 8 sind die Grundlagen des Zeunerschen Schieberdiagramms enthalten.

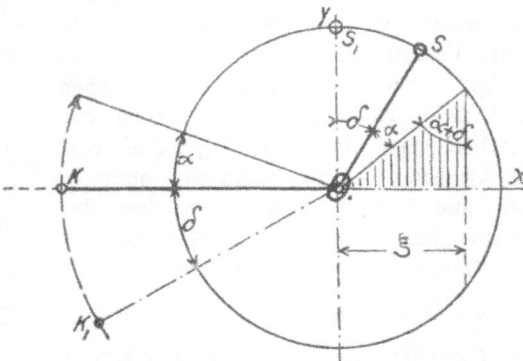

Fig. 7.

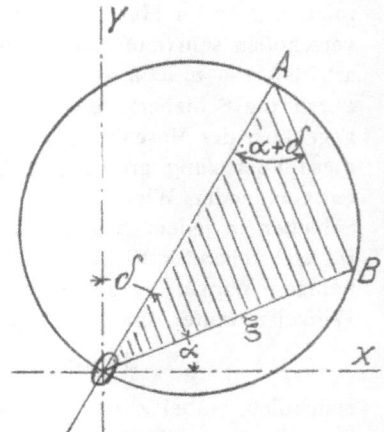

Fig. 8.

II. Trägt man in Weiterverfolgung der ursprünglichen Entwicklung:

$$\measuredangle\ \delta + \alpha = YOA \quad \text{und} \quad r = OA$$

auf und fällt ferner $AB \perp OX$, so ist wieder im $\triangle\ OAB$:

$$OB = \xi = r \cdot \sin\,(\delta + \alpha);$$

und damit ist, in Fig. 9, die Grundlage des Müllerschen Schieberdiagramms gegeben.

Das Reuleauxsche Schieberdiagramm, von dem Müllerschen nur durch eine Drehung um $90^{0} + \delta$ verschieden, ergibt sich aus Fig. 10.

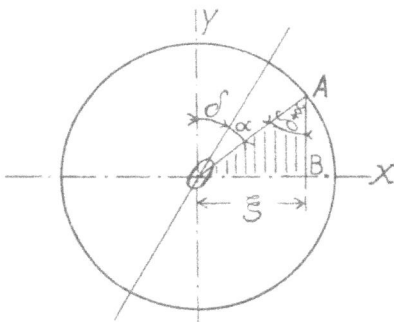 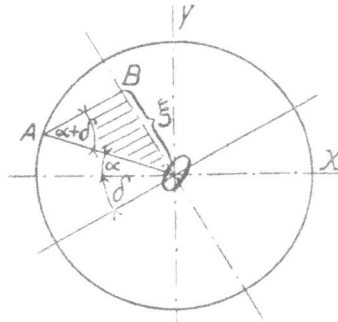

Fig. 9.   Fig. 10.

III. Berechnet man wiederum aus dem $\triangle\ OAB$ in der in Fig. 11 gezeichneten Lage den Schieberweg $\xi = r \sin\,(\delta + \alpha)$ und trägt ihn als Ordinate zum zugehörigen Kolbenweg »s« auf, so erhält man die Redtenbachersche Darstellung der Schieberwege in der sog. Schieberellipse.

Diese drei Arten der graphischen Darstellung der Schieberbewegung, denn die von Müller und Reuleaux sind in ihrer Auffassung identisch, stellen die in der Praxis vornehmlich in Anwendung befindlichen dar und sollen im folgenden in bezug auf ihre Verwendbarkeit untersucht werden. Sie verfolgen alle dasselbe Ziel, nämlich

1. den Schieberweg und

2. die dazu gehörige Kolbenstellung

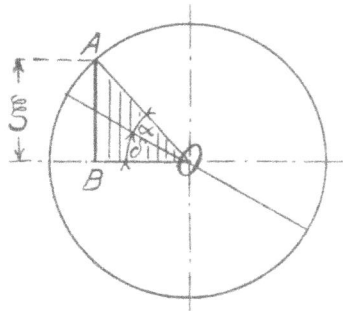

Fig. 11.

möglichst direkt zu ermitteln. Unter Schieberweg möge hier stets die Ausweichung des Schiebers aus seiner Mittelstellung, unter Kolbenweg die Entfernung des Kolbens vom Hubende verstanden werden. Abgesehen von der ungleichen Größe der Kurbelradien, bzw. der Exzentrizität, stimmen alsdann

Kolben- und Schieberweg überein, und es läßt sich für beide dieselbe Gleichung aufstellen.

Es bezeichne nun in Fig. 12:

C die Achse der Kurbelwelle,

A die Achse des Kurbelzapfens, der sich in einem Kreise vom Radius $R = CA =$ der Länge der Kurbel bewegt,

B und D die Totpunkte des Kurbelkreises,

K die Achse des in der Geraden $K - C$ geführten Kreuzkopfzapfens (da Kolben und Kreuzkopf fest miteinander verbunden sind, genügt es auch, die Kreuzkopfwege zu ermitteln),

$KA = L =$ der Länge der Schubstange,

B_1 die äußerste Linksstellung von K, wobei dann A mit B zusammenfällt, so daß $BB_1 = L$ ist,

D_1 die äußerste Rechtsstellung von K, entsprechend der Kurbellage CD, so daß auch $DD_1 = L$ ist.

Für den beliebigen, in der Zeit t zurückgelegten Drehwinkel φ findet man nach Schlagen des Kreisbogens AA_1 aus K als Mittelpunkt mit dem

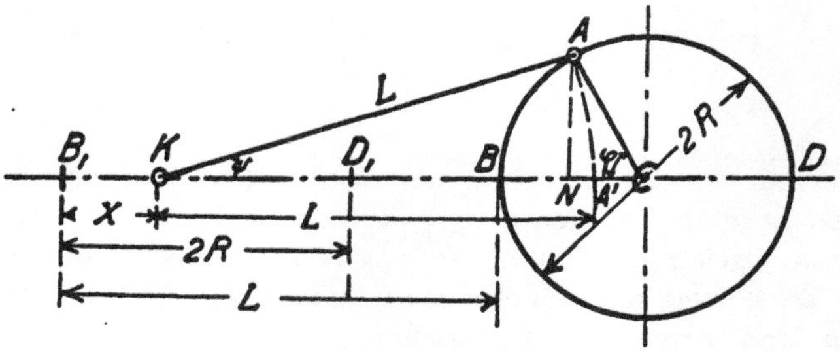

Fig. 12.

Radius $= L$ die Strecke x, die der Kreuzkopf während dieser Zeit zurückgelegt hat:

$$x = B_1K = BA' = BN + NA',$$
$$= R\,(1 - \cos \varphi) + L\,(1 - \cos \psi);$$

ferner

$$AN = R \sin \varphi = L \sin \psi,$$

$$\sin \psi = \frac{R}{L} \sin \varphi\,;$$

$$\cos \psi = \sqrt{1 - \left(\frac{R}{L}\,\sin \varphi\right)^2}\,;$$

folglich

$$x_1 = R\,(1 - \cos \varphi) + L\left(1 - \sqrt{1 - \left(\frac{R}{L}\,\sin \varphi\right)^2}\right);$$

für den Hingang und ähnlich für den Rückgang:

$$x_2 = R\,(\mathrm{I} - \cos q) - L\left(\mathrm{I} - \sqrt{\mathrm{I} - \left(\frac{R}{L}\sin q\right)^2}\right).$$

Nun ist nach dem binomischen Satz unter Vernachlässigung aller Glieder, die $\frac{R}{L}$ in höherer als der zweiten Potenz enthalten:

$$\sqrt{\mathrm{I} - \left(\frac{R}{L}\sin q\right)^2} = \mathrm{I} - \mathrm{^1/_2}\left(\frac{R}{L}\sin q\right)^2$$

und

$$x = R\,(\mathrm{I} - \cos q) \pm \frac{L}{2}\left(\frac{R}{L}\sin q\right)^2,$$

d. h. für den Hingang größer als für den Rückgang ·bei demselben Drehwinkel. Im allgemeinen wird der Mittelwert

$$x = \frac{x_1 + x_2}{2} = R\,(\mathrm{I} - \cos q)$$

benutzt, den man auch erhält, wenn man in den Gleichungen von x_1 oder x_2 den Wert $L = \infty$ einsetzt, d. i. $\frac{R}{L} = 0$.

Zum Zwecke der zeichnerischen Ermittelung von x schlage man (Tafel II, 5) den Kreisbogen BE_1 mit B_1 als Kreismittelpunkt und L als Radius, dann ist z. B. für den Drehwinkel q_1, d. h. für die Kurbellage CA_1 die wagerechte Strecke $E_1A_1 = BA^1$ der zugehörige Kreuzkopfweg usf. Für den Rückwärtsgang wird der Kreisbogen DE_3 mit D_1 als Mittelpunkt beschrieben und mit L als Radius; die wagerechten Strecken E_3A_3 etc. sind dann die zu q'_1 etc. gehörigen Rückgangswege.

Die Gleichungen für den Schieberweg bzw. Kolbenweg:

$$x = R\,(\mathrm{I} - \cos q)$$
$$\xi = r\,\sin(\vartheta + \alpha)$$

stellen beide den Satz dar:

Kolben- und Schieberbewegung stimmen überein mit der Projektion des Kurbel- bzw. Schiebermittels auf die Richtung der jeweiligen Bewegung, d. i. die Kolbenweglinie bzw. Schieberschubrichtung.

Die Darstellung des Schieberweges als eine derartige Projektion ergab im vorhergehenden die Grundlagen für das Müllersche bzw. Reuleauxsche

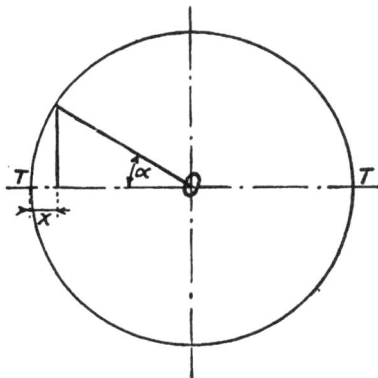

Fig. 13.

Schieberdiagramm. Dreht man (Fig. 13) den Kurbelkreis um $(90^0 + \delta)$, bis die Kolbenweglinie parallel zur Richtung des Voreilwinkels im Schieberkreis liegt (Fig. 14), reduziert man ferner Kurbelradius auf Exzenterradius, da ja doch nur die Verhältniswerte in Frage kommen, so hat man beim Übereinanderzeichnen beider Kreise den Vorteil, daß Maschinen- und Schieberkurbel an gleicher Stelle stehen. In Fig. 15 ist auf diese Weise bereits ein vollständiges Müllersches Diagramm gezeichnet. Die Projektion von K auf TT gibt den Kolbenweg x, auf tt den Schieberweg ξ. Für Schieber mit

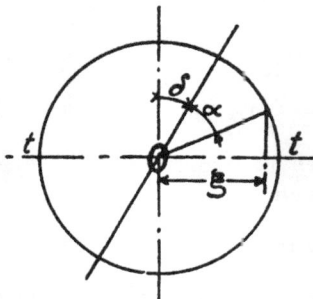 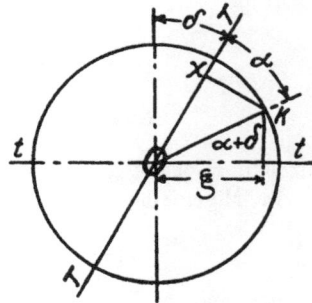

Fig. 14.   Fig. 15.

Überdeckung, z. B. die Muschelschiebersteuerung auf Tafel I, ist die Aufgabe aber noch nicht vollständig gelöst, weil es sich stets darum handelt, die Kanaleröffnungen k zu ermitteln. Diese ergeben sich

$$\text{für den Einlaß} = k = \xi - e,$$
$$\text{für den Auslaß} = k = \xi - a.$$

Das Diagramm liefert ohne weiteres die Schieberwege; zieht man also die Konstanten e und a ein für allemal durch Parallelen zur Y-Achse ab, begrenzt man ferner die Kanäle durch Einzeichnen der zweiten Kanten, so gibt Fig. 16 und auch Tafel I, 1 im betreffenden, noch näher zu bestimmen-

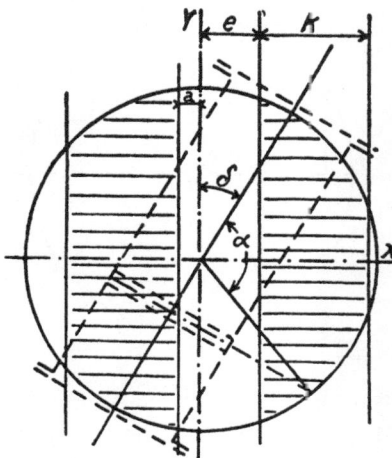

den Maßstabe die bezüglichen Kanaleröffnungen. Die linke Hälfte des Kreises läßt man gewöhnlich für die Ausströmung, die rechte für die Einströmung gelten, die Kanalweite ist natürlich auf beiden Kreishälften die gleiche, da der Dampf beim Muschelschieber dieselben Wege für das Ein- und Ausströmen benutzen muß. — Stellt man sich den Kreis als Schieberspiegel vor, so stimmt das geometrische Bild jetzt völlig mit dem wirklichen Vorgang überein.

Für den Entwurf einer Dampfmaschine ist von Anfang an meist nur die Dampfverteilung gegeben, nicht die Steuerung; es ist daher auch natür-

Fig. 16.

lich, daß man die letztere im direkten Anschluß an die Dampfverteilung entwirft. Beachtet man nun, daß im Diagramm nur der Schieberkreis richtig liegt, alles andere aber verdreht ist, so ergibt Fig. 17 und Tafel I, 1, daß beim Müllerschen Diagramm der Zusammenhang mit der Dampfverteilung tatsächlich vorhanden ist. Die beiden Figuren ergeben direkt den Schieberweg für jeden beliebigen Kurbelwinkel, ebenso aber auch den Kolbenweg und den Dampfdruck. Um nun ein absolutes Größenmaß zu erhalten, ist ein Kräftemaßstab zu wählen, da bisher nur die Verhältnisse dieser drei Größen zueinander gebraucht wurden. Den Figuren ist nun folgendes zu entnehmen:

Von E bis Ex herrscht voller Druck, falls nicht durch eine Verengung der Kanäle Drosselung, wie punktiert angedeutet, eintritt. Beim Abschluß des Kanals Ex erfolgt Expansion, die man im Dampfdiagramm mit genügender Genauigkeit durch eine gleichseitige Hyperbel wiedergeben kann. Bei VA beginnt die Vorausströmung, lange vor dem Hubwechsel. Der Auslaßkanal ist alsdann sehr bald vollständig geöffnet und bleibt es bis kurz vor dem zweiten Hubwechsel. Durch seinen Abschluß erfolgt die Kompression des noch im Zylinder eingeschlossenen Dampfvolumens (Co). Man hat demnach 4 Perioden zu unterscheiden:

1. Einströmungsperiode,
2. Expansionsperiode,
3. Ausströmungsperiode,
4. Kompressionsperiode.

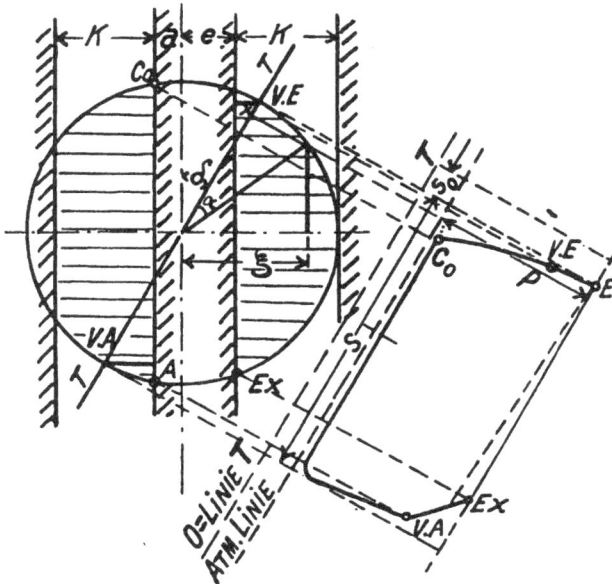

Fig. 17.

Diese 4 Perioden sind mit einigen Unterabteilungen in Tafel I, 4—11 dargestellt.

Einen entscheidenden Einfluß auf die gesamte Dampfverteilung hat der Voreilwinkel δ, wie auch aus Fig. 18 zu ersehen ist. Die wesentliche Aufgabe einer Steuerung ist es, eine bestimmte Expansion zu erzielen, und

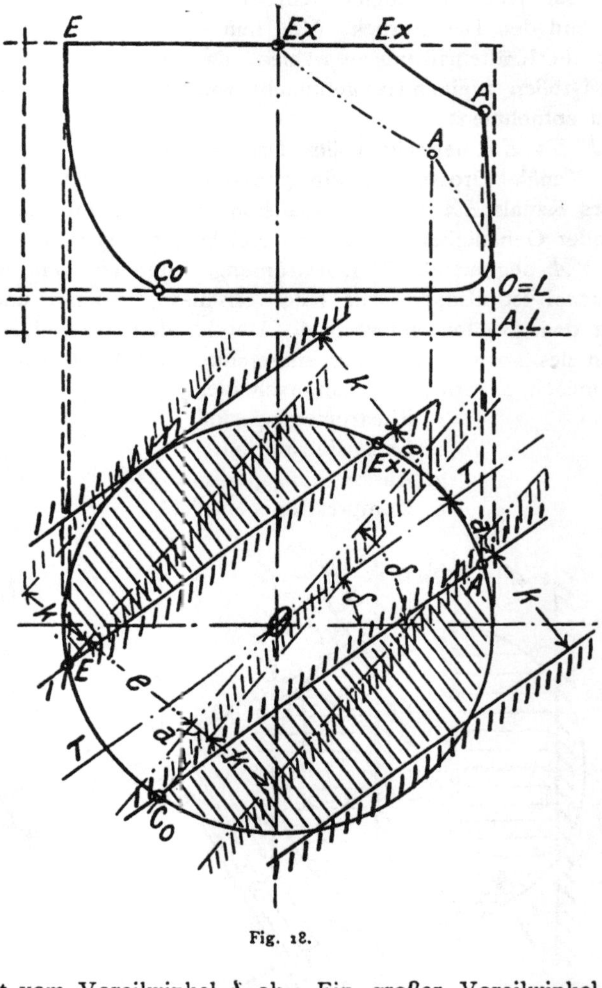

Fig. 18.

diese hängt vom Voreilwinkel δ ab. Ein großer Voreilwinkel hat große Expansion und ebenso Kompression zur Folge (Fig. 18). Beide Perioden ändern sich gleichzeitig und voneinander abhängig. Mit der Vergrößerung der Expansion wachsen aber auch Einlaßdeckung und mit ihr der Schieberhub. Das kann zu unbequem langen Konstruktionen führen, die schließlich die Verwendung des einfachen Muschelschiebers ausschließen.

Beispielsweise sei eine bestimmte Dampfverteilung durch den Zweck der Maschine gegeben, $75\,\%$ Füllung in Fig. 18. Der Kolbenweg s stelle wiederum den Durchmesser des Schieberkreises dar. Expansion und Einströmung einerseits, Kompression und Ausströmung andererseits liegen in einer Geraden, da sie von derselben Kante gesteuert werden. Durch die Linie $E - Ex$ ist die Richtung gegeben, eine Parallele dazu durch O ergibt den Voreilwinkel δ. Damit ist aber auch die Ausströmung in ihrer Hauptsache festgelegt. Im allgemeinen liegen nun die Verhältnisse so, namentlich bei modernen, schnellaufenden Maschinen, daß die Einhaltung bestimmter Kompression von der größten Wichtigkeit ist, daher wählt man diese als Ausgangspunkt für die Bestimmung der Ausströmung. Der Beginn der letzteren kann in größeren Grenzen variieren, dagegen hat die Voreinströmung nur ganz geringen Spielraum.

Ändert man nun die Füllung auf $50\,\%$ (punktiert), so wird auch der Voreilwinkel viel größer. Sollen nun die Punkte A und Co in ihrer Lage beibehalten werden, so ist dies nur möglich, wenn $A - Co$ parallel dem Voreilwinkel δ bleibt. In Fig. 18 ist dies nicht der Fall, es bleibt demnach nur eine Änderung der Lage des Punktes A übrig.

Die wirklichen Größen lassen sich aus dem Diagramm in folgender Weise bestimmen: Zunächst ist alles, was auf lineare Abmessungen Bezug hat, in ihm nur im Verhältnis festgelegt. Die Weite der Dampfkanäle K läßt sich unter Annahme einer gewissen Höchstgeschwindigkeit des Dampfes im Kanal berechnen, denn er muß den vom Kolben freigegebenen Raum im Zylinder wieder nachfüllen.

Bezeichnet f den Kanalquerschnitt,

$\qquad$ F den Kolbenquerschnitt,

$\qquad$ c die maximale Kolbengeschwindigkeit,

$\qquad$ v_D die maximale Dampfgeschwindigkeit,

so besteht die Kontinuitätsgleichung:

$$F \cdot c = f \cdot v_D.$$

F und c sind aus den Abmessungen der Maschine bekannt, v_D ist ein Erfahrungswert für jede Steuerungs- und Maschinengattung. Daraus ist f zu berechnen, und es ist dann bei den rechteckigen Kanalquerschnitten $f = lk$ (Fig. 19). Wird l gewählt, so ist k bekannt, und mit der Größe von k als Maßstab lassen sich die übrigen linearen Größen im Diagramm abmessen.

Fig. 19.

In der folgenden Tabelle sind für die verschiedenen Werte von δ die verhältnismäßigen Änderungen in den Größenverhältnissen des Diagramms zum Ausdruck gebracht. Es bezeichne darin:

$\qquad$ s den ganzen Hub der Maschine,

$\qquad$ s_1 den Hub, bei dem die Einströmung stattfindet,

$\qquad$ $\dfrac{s_1}{s}$ mithin die Füllung,

δ den Voreilwinkel,
e die innere Überdeckung,
k die Kanalweite,

so ist:

$\dfrac{s_1}{s}$	1	0,75	0,5	0,25	0,12
δ	10^0	30^0	45^0	60^0	69^0
$\dfrac{e}{k}$	0,2	1,0	2,5	6,5	15.

Mit dem Wachsen des Voreilwinkels δ ist ein ungewöhnlich schnelles Wachsen der Größe $\dfrac{e}{k}$ verbunden. Aus dem Diagramm folgt die Größe des Schieberweges im Maximum:

$$\xi \geqq e + k \geqq r.$$

Ist der größte Schieberweg gleich der Exzentrizität r, so folgt daraus ein entsprechend genauer Abschluß der Kanten zugleich mit der Vollendung des Weges; ist er kleiner, so hat das ein Überschleifen der Schieberkanten zur Folge. Im folgenden werde stets der Schieberweg gleich der Exzentrizität r gesetzt. Aus der obigen Gleichung folgt nun noch ferner, daß bei konstantem k der Wert von ξ mit e wächst. Es ist das ein Nachteil der einfachen Schiebersteuerung, der unter Umständen so groß werden kann, daß er sie unbrauchbar macht, weil der Öffnungswinkel $(90^0 - \delta)$ (s. Fig. 20)

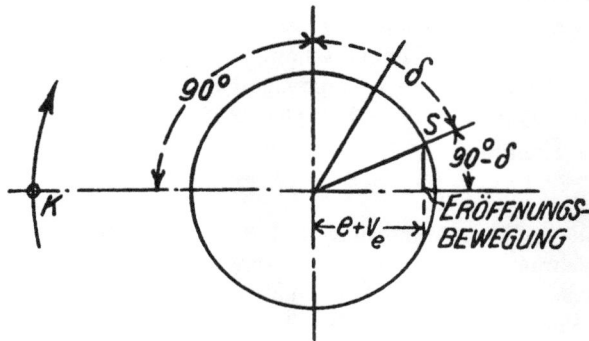

Fig. 20.

schließlich zu klein wird. Gegen das Ende des Schieberhubs werden die Kanaleröffnungen dann immer langsamer und schleichender, es findet eine starke Dampfdrosselung statt. $\delta = 90^0$ ist die obere Grenze, die aber auch mit der Nullfüllung verbunden ist, $\delta = 0^0$ die untere; sie ergibt die schnellste und exakteste Eröffnungsbewegung, ist aber ebenfalls aus den oben angeführten Gründen unbrauchbar. Fig. 21 zeigt ein Dampfdiagramm, wie es der Regel nach sein sollte. Daraus ist folgendes zu entnehmen:

Zunächst findet ein geringer Druckverlust vom Kessel bis in den Zylinderraum statt. In der Admissionsperiode $E - Ex$ entsteht bei genügend raschem Kanalschluß und ausreichend bemessenen Kanälen nur geringe Drosselung, bei zu langsamem, schleichendem Schluß verläuft die Admissionslinie, wie punktiert, mit größerem Drosselungsverlust. In mäßiger Grenze stellt eine Drosselung in der Admission keinen direkten Verlust dar; die Dampfspannung ist zwar verkleinert, dafür aber das Dampfvolumen größer geworden. So arbeiten beispielsweise die Lokomotivmaschinen trotz hoher Drosselung beim Dampfeintritt noch sehr vorteilhaft. Wollte man aus Furcht vor Drosselungsverlusten eine Steue-

Fig. 21.

rung so einrichten, daß der Dampf rasch in den Zylinder einstürzt und ebenso rasch wieder abgelassen wird, so würden an Stelle der Drosselung Stoßwirkungen und unruhiger Gang treten.

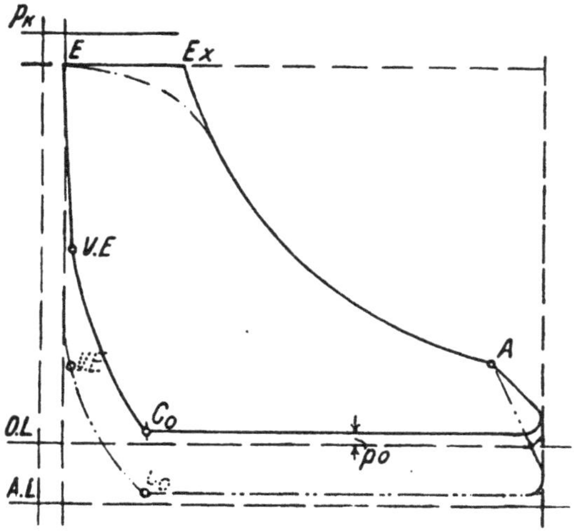

Bei der Betrachtung der Ausströmung des Dampfes hat man es mit sehr komplizierten Verhältnissen zu tun, die man hin und wieder in langen, unübersichtlichen Gleichungen dargestellt findet. Diese drücken jedoch nur das Ausfließen einer Flüssigkeit aus wachsendem Querschnitt unter fallendem Druck aus. Einfacher und klarer ist das auch hier angewandte Verfahren, die Rechnung für einige bestimmte Stellungen auszuführen. Damit der Dampf rechtzeitig aus dem Zylinder entweichen kann, ohne daß also unnötiger Gegendruck auftritt, ist die von δ abhängige Vorausströmung hinreichend groß zu machen, deshalb ist die Auslaßdeckung stets kleiner als die Einlaßdeckung, die Kanaleröffnung also dabei größer. Jede Drosselung des Auspuffdampfes gibt aber hier einen unersetzlichen Arbeitsverlust. Die Auspufflinie selbst ist von geringerem Einfluß, sie kann ohne große Fehler beliebig, auch geradlinig, angenommen werden. Am Ende der Ausströmung wird der Kanal wieder abgeschlossen, der noch im Zylinder befindliche Dampf wird durch den nachrückenden Kolben komprimiert.

Die Kompression hat den wichtigen Zweck, die bewegten Massen in der Maschine luftbufferartig aufzufangen, sodann die Vermittlung zwischen Aus- und Eintrittsdampf herzustellen, damit der Frischdampf nicht allzuviel Zeit zum Auffüllen der schädlichen Räume zu verlieren braucht.

Hier ist eine wesentliche Unterscheidung zwischen Auspuff- und Kondensmaschine zu machen: Beim freien Auspuff in die Atmosphäre ist die Endspannung des Dampfes noch verhältnismäßig hoch, die Kompressionslinie steigt infolgedessen rasch an (Fig. 21), bei Kondensation ist die Endspannung des Dampfes niedrig, und die Kompression ist weniger wirksam

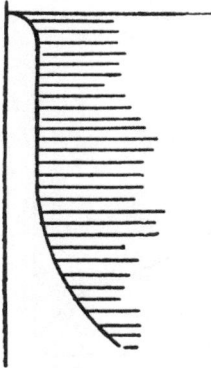

(Fig 21 punktiert). Eine bei beiden Arten gleich einwandfrei arbeitende Steuerung durch den einfachen Muschelschieber ist nicht ausführbar, sie ist beispielsweise nur dann möglich, wenn, wie bei der Collmann-Steuerung (s. w. u.), für den Übergang vom Auspuff zur Kondensation auch die Kompression geändert werden kann.

Über die Voreinströmung läßt sich endlich noch sagen:

1. Tritt sie zu spät ein, so wird die volle Dampfspannung überhaupt nicht erreicht, während

2. zu frühe Voreinströmung volle Dampfspannung schon vor dem Hubwechsel zur Folge hat, die

Fig. 22.

sich im Diagramm durch eine Spitze oder Ecke (Fig. 22) geltend macht. Für diesen empfindlichsten Teil der Steuerung sind daher auch stets Reguliervorrichtungen vorgesehen.

Dem Müllerschen Diagramm sehr ähnlich ist die Schieberellipse von Redtenbacher. Schon oben ist erwähnt, daß das charakteristische Dreieck bei dieser gegenüber dem Dreieck beim Müllerschen Diagramm nur eine um 90⁰ gedrehte Lage einnimmt (Fig. 23 u. 24). Die auf diese

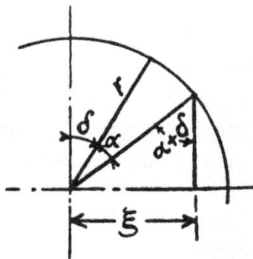

Fig. 23.

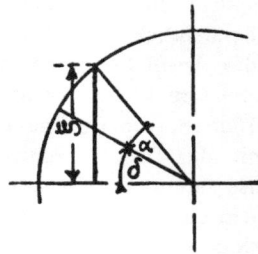

Fig. 24.

Weise ermittelten Schieberwege ξ werden als Ordinaten, die zugehörigen Kolbenwege x als Abszissen aufgetragen (Tafel I, 2). Wäre der Voreilwinkel $\delta = o$, so läge die Ellipse symmetrisch zur x-Achse (Fig. 25); infolge des Voreilwinkels tritt eine Verschiebung ein, die große Achse bzw. deren Projektion auf die Horizontale (Fig. 26) ist gleich dem Kolbenweg s, beim Müllerschen Diagramm war $s = 2r = $ dem Durchmesser des Schieberkreises. Da der Schieberweg $\xi_{\max.} \geqq e + k$ ist, so lassen sich die Kanal-

Fig. 1.

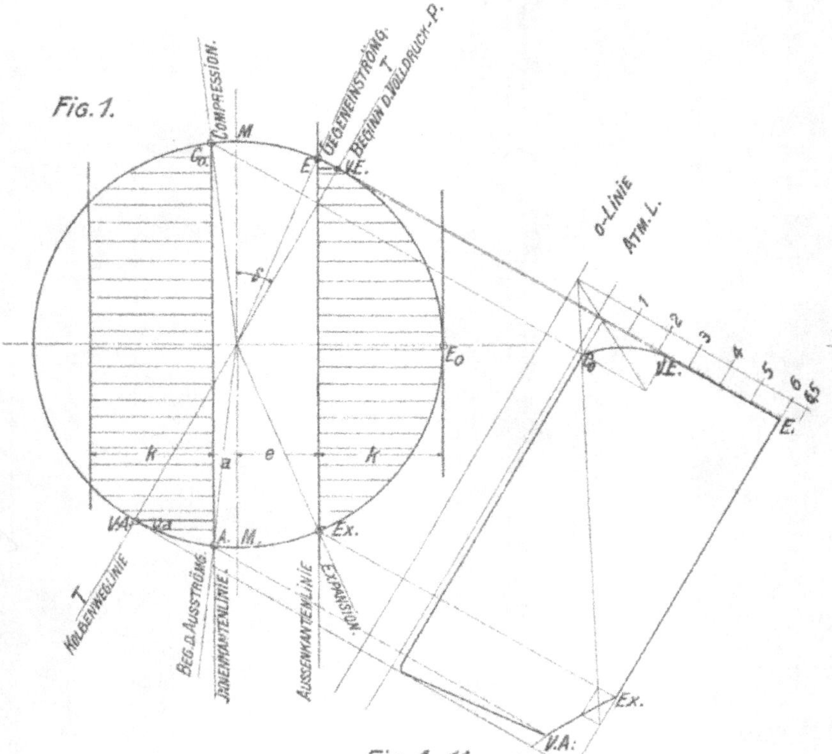

COMPRESSION.
GEGENEINSTRÖMG.
BEGINN D. VOLLDRUCK - P.
UEBEREINSTRÖMUNG.
V.E.
o-Linie
ATM. L.
M
Co.
E.
Eo
k   a   e   k
VA.   Va
A. M.
Ex.
T
KOLBENWEGLINIE
BEG. D. AUSSTRÖMS.
INNENKANTENLINIE.
AUSSENKANTENLINIE.
EXPANSION.
COMPRESSION.
1 2 3 4 5 6 65
Vo
V.E.
E.
Ex.
V.A.

Fig. 4–11.

MITTLERE SCHIEBERSTELLUNG.   BEGINN D. DAMPFEINTRITTS.
e k   k
a   a

ENDE D. VOREINSTRÖMG.   ÄUSSERSTE STELLUNG RECHTS.
Vo   z

BEGINN D. EXPANSION.   BEGINN D. AUSSTRÖMUNG.
e

ÄUSSERSTE STELLUNG LINKS   BEGINN D. COMPRESSION.

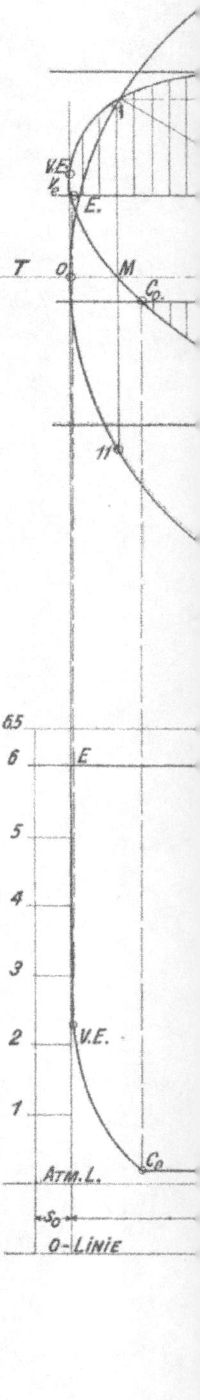

Dannenbaum, Die Dampfmaschine und ihre Steuerung

VE
Vo
E.
T   O   M
Co.
11°

65
6   E
5
4
3
2   V.E.
1
ATM. L.   Co.
So
O-Linie

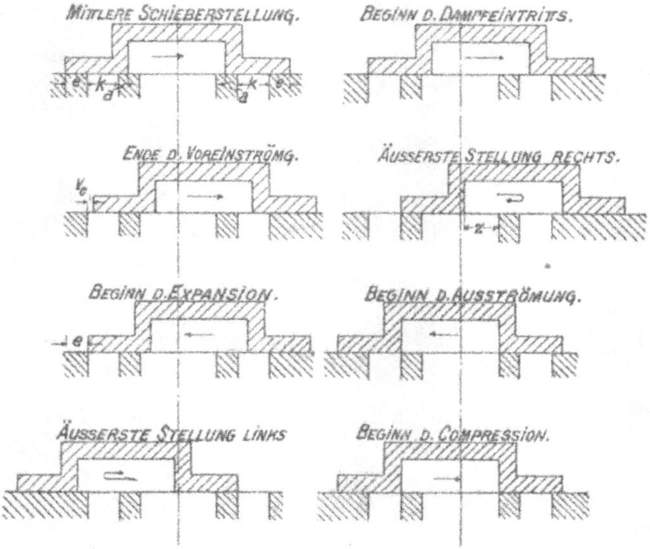

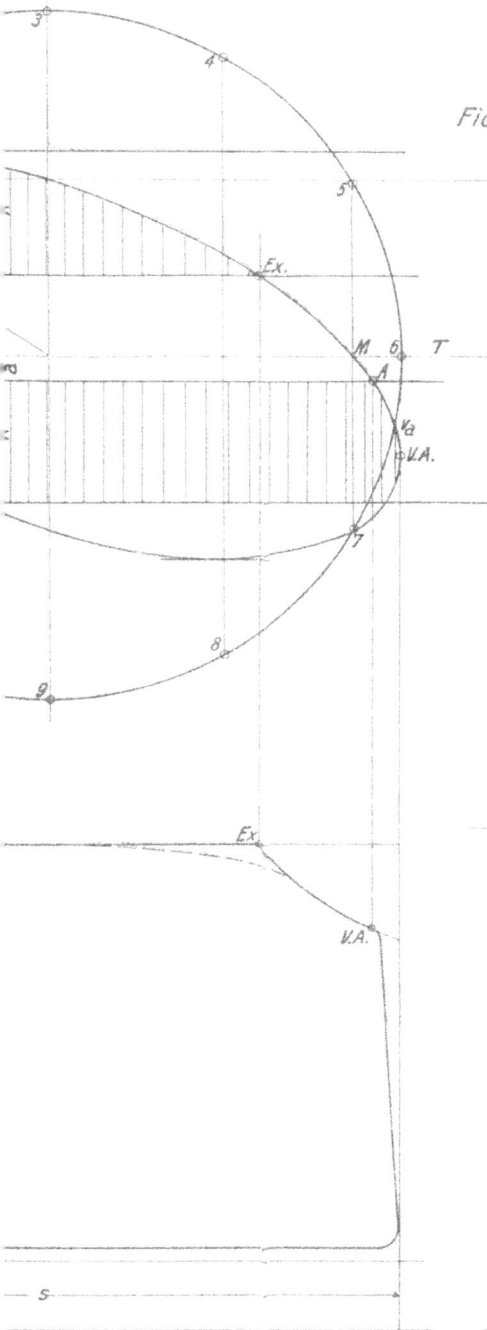

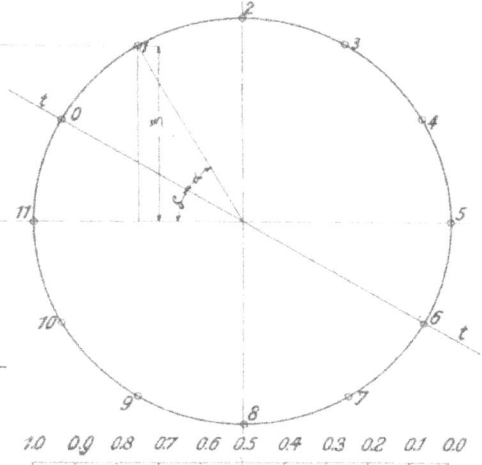

Fig. 2.

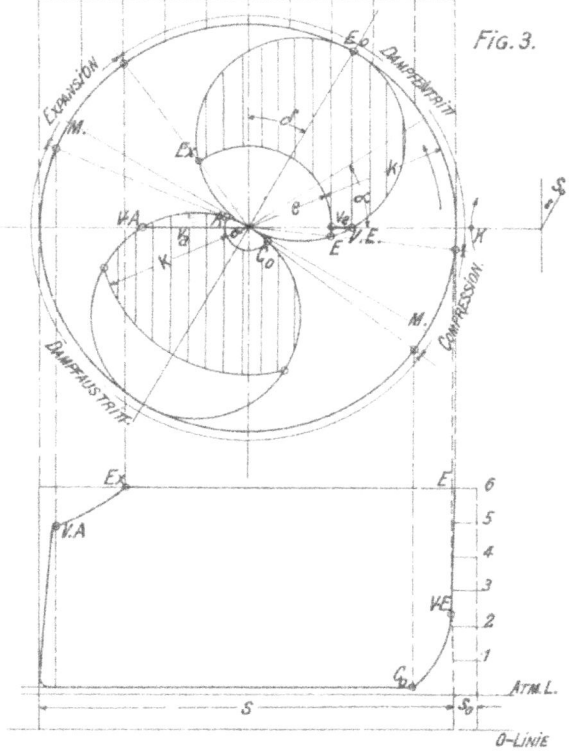

Fig. 3.

Verlag von R. Oldenbourg, München u. Berlin

eröffnungen durch zwei Parallelen im Abstande e und $e + k$ von der x-Achse leicht ermitteln. Die laufende Dampfmaschine kann selbsttätig solche Ellipsen aufzeichnen, wenn man den Indikatorschreibstift mit der Schieberstange, die Trommel mit der Kolbenstange in Verbindung bringt, und zwar proportional den wirklichen Verhältnissen. Die Ablesungen (Tafel I, 2) ergeben bei E Öffnung des Dampfkanals, bei VE Hubwechsel mit der Voreinströmung $= ve$, bei E_x Expansion und in MM die Mittelstellung des Schiebers, denn hier ist $\xi = o$.
Für den Rückweg ist der andere Teil der Ellipse benutzt.

Das Kurvenstück $E_o = E_x$ gibt durch seinen Verlauf die Art der Schließung an; je flacher es verläuft, um so schleichender wird das Zuschieben vor sich gehen (Drosselung). Die Schieberellipse stellt diejenige Kurve dar, die man meist als Schieberabschluß- resp. Schieberöffnungskurve bezeichnet und die man in besonderen Fällen nach Aufzeichnung eines Müllerschen oder Zeunerschen Diagramms konstruiert, namentlich wenn die endlichen Stangenlängen mitberücksichtigt werden sollen. Sie gibt ferner für jede beliebige Kurbelstellung den Kolbensowohl wie den Schieberweg ohne Neukonstruktion. Betrachtet man O als Anfangspunkt eines Koordinatensystems (Fig. 26), so gibt das bekannte

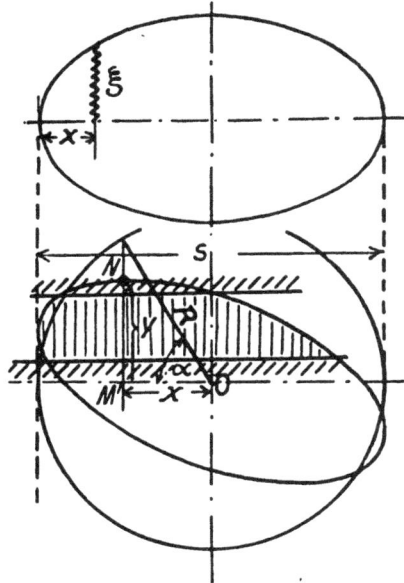

Fig. 25 und 26.

Beziehungsdreieck für den zum Winkel α gehörigen Punkt N der Ellipse

$$x = OM = R\cos\alpha,$$
$$y = \xi = r \cdot \sin(\delta + \alpha).$$

Eliminiert man α aus beiden Gleichungen, so folgt nach einigen Reduktionen:

$$O = R^2 y^2 - 2Rrx \cdot \sin\delta + r^2 x^2 - R^2 r^2 \cos^2\delta;$$

dies ist die Mittelpunktsgleichung einer Ellipse, deren Hauptachsen aber nicht mit den Koordinatenachsen zusammenfallen.

Zur Konstruktion der Kurve zeichne man Schieber- und Kurbelkreis nebeneinander auf gemeinsamer x-Achse auf. Im Schieberkreis wird alsdann $\sphericalangle \delta$ eingetragen, wie er sich nach dem oben Gesagten als erforderlich herausstellt (Tafel I, 2). Stellt man sich nun vor, daß der Hubwechsel im großen (Kurbelkreis) nach $T - T$, im kleinen (Schieberkreis) nach $t - t$ erfolgt, so erhält man bei beliebiger Drehung um den $\sphericalangle \alpha$ im Kurbelkreis den Kolbenweg als Abszisse, im Schieberkreis den Schieberweg als Ordinate und kann nunmehr herüberprojizieren. Am einfachsten gestaltet sich die Konstruktion, wenn man von den Totlinien aus beide Kreise in eine gleiche Anzahl Teile teilt.

Auf Tafel I, 2 ist zum Vergleich das Dampfdiagramm unter den Kurbelkreis gezeichnet. Um δ zu finden, ist natürlich der Schieberkreis zu benutzen, die Ermittlung stimmt indessen vollständig mit der beim Müllerschen Diagramm angewandten überein.

Im Gegensatz zu diesen beiden Darstellungen, die auf rein geometrischer, mit der Wirklichkeit harmonierender Anschauung beruhen, baut sich das Schieberdiagramm von Z e u n e r lediglich auf analytischer Grundlage auf. Löst man nämlich die Ursprungsgleichung

$$\ddot{\xi} = r \sin (\delta + \alpha) \text{ in}$$
$$\ddot{\xi} = \underbrace{r \sin \delta} \cos \alpha + \underbrace{r \cdot \cos \delta} \sin \alpha \text{ oder}$$
$$\ddot{\xi} = \quad A \cdot \quad \cos \alpha + \quad B \quad \cdot \sin \alpha$$

auf, so stellt dies die Polargleichung eines Kreises vom Durchmesser r dar, der um den Winkel δ gegen die x-Achse geneigt ist. Trägt man an OX irgend einen Winkel an $= \alpha$, so gibt $\triangle AOB$

$$\ddot{\xi} = r \sin (\delta + \alpha).$$

Die Eröffnungen erhält man durch zwei konzentrische Kreise um O mit e und $e + k$ als Radien. Das zwischen diesen Kreisen liegende Stück des Polstrahles stellt die Kanaleröffnung $\ddot{\xi} - e$ dar. Um die Aus-

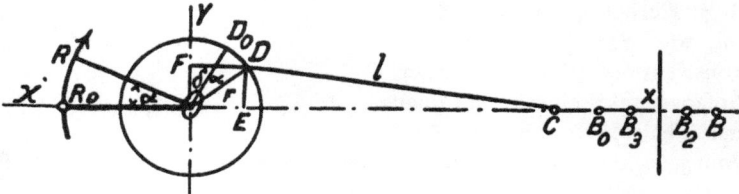

Fig. 27.

strömung zu untersuchen, benutzt man einen zweiten, symmetrisch liegenden Kreis, in dem Auslaßdeckung und Kanalkante wiederum durch Kreisbögen einzutragen sind (Tafel I, 3).

Der von Zeuner angegebene Weg der Darstellung ist nun etwa folgender:

Drehen sich (Fig. 27) die beiden Kurbeln R_0 und D_0 um den Winkel α bis in die Lagen R und D, bezeichnet ferner

$$OD = r \text{ die Exzentrizität,}$$
$$DC = l \text{ die Länge der Schieberschubstange,}$$
$$CB = l_1 \text{ die Länge der Schieberstange,}$$
$$\angle YOD_0 = \delta \text{ den Voreilwinkel,}$$

so bestimmt sich die Entfernung des Schiebermittels B von der Achse O:

$$OB = OE + EC + CB,$$
$$= DF + \sqrt{DC^2 - OF^2} + CB,$$
$$= r \cdot \sin(\delta + \alpha) + \sqrt{l^2 - r^2 \cos^2(\delta + \alpha)} + l_1.$$

Es ist nun

$$\sqrt{l^2 - r^2 \cdot \cos^2(\delta + \alpha)} = l \sqrt{1 - \frac{r^2}{l^2} \cos^2(\delta + \alpha)},$$

und nach in ähnlicher Weise wie bei der Kolbenbewegung geführten Weiterentwicklung ergibt der Wurzelausdruck den Wert:

$$\sqrt{} = l \cdot \left(1 - \frac{r^2}{2\,l^2} \cos^2(\delta + \alpha)\right).$$

Dies in die Gleichung für OB eingesetzt, ergibt:

$$OB = r \sin(\delta + \alpha) + l + l_1 - \frac{r^2 \cdot \cos^2(\delta + \alpha)}{2\,l}.$$

Das Schiebermittel B schwingt bei der Annahme unendlich langer Stangen genau symmetrisch um seine Mittellage x. B_2 und B_3 stellen die Stellung desselben für $\sphericalangle \alpha = 0^0$ und $= 180^0$ dar; daraus bestimmt sich die Entfernung OX aus der allgemeinen Formel für OB. Diese ergibt für

1. $\sphericalangle \alpha = 0^0$:

$$OB_2 = r \cdot \sin \delta + l_1 + l - \frac{r^2 \cdot \cos^2 \delta}{2\,l},$$

2. $\sphericalangle \alpha = 180^0$:

$$OB_3 = - r \cdot \sin \delta + l_1 + l - \frac{r^2 \cdot \cos^2 \delta}{2\,l},$$

daraus

$$OX = \frac{OB_2 + OB_3}{2} = l + l_1 - \frac{r^2 \cos^2 \delta}{2\,l}$$

und der verlangte Schieberweg nach Fig. 27:

$$\xi = BX = OB - OX,$$
$$= r \sin(\delta + \alpha) + \frac{r^2}{2\,l}(\cos^2 \delta - \cos^2(\delta + \alpha)).$$

Formt man die Klammer in ein Produkt um und löst den ersten Ausdruck dieser Grundgleichung auf, so ergibt sich:

$$\xi = r \cdot \sin \delta \cdot \cos \alpha + r \cdot \cos \delta \cdot \sin \alpha + \frac{r^2}{2\,l} \sin(2\,\delta + \alpha) \sin \alpha,$$

$$\text{für } r \sin \delta = A,$$
$$r \cos \delta = B,$$
$$\frac{r^2}{2\,l} \sin(2\,\delta + \alpha) \sin \alpha = F,$$

wird
$$\xi = A \cos \alpha + B \sin \alpha + F.$$

In den meisten Fällen ist die Länge der Schieberschubstange gegenüber der Exzentrizität r sehr groß, der Wert des Gliedes »F« also sehr klein, so daß man dies sog. »Fehlerglied« ohne weiteres fortlassen kann. Alsdann erhält man in dem Werte

$$\xi = A \cos \alpha + B \sin \alpha$$

genau die schon oben gefundene Polargleichung eines Kreises. Diese ergibt

$$O B = a = \frac{A}{2}$$

und

$$O C = b = \frac{B}{2}$$

als Mittelpunktskoordinaten und

$$\varrho = \frac{r}{2} = \sqrt{a^2 + b^2} = {}^1/_2 \sqrt{A^2 + B^2}$$

als Radius des Zeunerschen Kreises.

Nunmehr lassen sich die Ablesungen aus dem Zeunerschen Schieberdiagramm auf Tafel I, 3 leicht machen:

$O M$ ist die Mittellage, denn die Tangente schneidet den Kreis nicht, es ist demnach $\xi = 0$. $O E$ bezeichnet den Eintritt, die Kurbel steht noch um den Winkel $E O V E$ vor der Totlage. Im Hubwechsel bei $V E$ ist der Schieberkanal schon um v_e geöffnet. Nunmehr wächst die Kanaleröffnung bis zu ihrem Maximum in E_o, nimmt dann wieder ab bis E_x; hier erfolgt der Beginn der Expansion. Der zweite Kreis gibt die Ausströmung bei A. Im zweiten Hubwechsel bei $V A$ ist die Kanaleröffnung $= v_a$, der Kanal ist nach kurzer Zeit voll geöffnet. Bei C_o beginnt die Kompression. Die zugehörigen Kolbenstellungen erhält man durch Loten auf die herausgezeichnete Kolbenweglinie. Das Dampfdiagramm läßt sich nur erst nachträglich darunter zeichnen und vergleichen, es fehlt ihm ein direkter Zusammenhang mit dem Schieberdiagramm, wie er beim Müllerschen Diagramm und bei der Schieberellipse besteht. Darum muß beim Entwurf einer Steuerung nach dem Zeunerschen Diagramm zuerst dieses aufgezeichnet werden.

Tafel I zeigt Schieber- und Dampfdiagramme nach allen drei Methoden für den einfachen Muschelschieber. Vergleicht man sie, so ergibt sich folgendes:

Die Schieberellipse gibt das klarste Bild. Bei ihr ist Schieber- und Kolbenweg bei jeder Stellung der Kurbel zusammen dargestellt, zugleich aber auch eine deutliche Veranschaulichung von Eröffnung und Abschluß der Dampfwege gegeben.

Auch das Müllersche Diagramm führt die tatsächlichen Vorgänge vor Augen, nur ist bei ihm die Konstruktion des Kolbenweges etwas umständlich, von großem Vorteil dagegen die Bequemlichkeit, nachträglich den Maßstab bestimmen zu können.

Beim Zeunerschen Diagramm ist dies nicht möglich. In bezug auf Übersichtlichkeit der Resultate an sich, also als rein geometrisches Verfahren betrachtet, ist es dem Müllerschen gleich zu setzen, gibt aber die Kolbenwege auch erst durch eine Hilfskonstruktion an. An den wichtigsten Punkten leidet es ferner an dem Mangel an Genauigkeit, namentlich bei der Kompression und Voreinströmung, wo die Punkte sehr nahe zusammen liegen und man ebenfalls nur durch eine Hilfskonstruktion, durch Fällen des Lotes $E_o V E$, Abhilfe schaffen kann (Tafel I, 3).

Vor der Schieberellipse haben zeichnerisch das Müllersche und Zeunersche Diagramm den Vorteil voraus, daß sie sich ohne Konstruktion von Kurven durch einfache Kreise darstellen lassen.

Den Zusammenhang mit dem Dampfdiagramm wahrt, genau genommen, nur das Müllersche Diagramm, das auch eine etwa nötige Änderung sofort übersehen läßt. Mit ihm, bzw. dem Zeunerschen, kommt man beim Entwurf einfacher Schiebersteuerungen stets aus, die Schieberellipse wird man nur in solchen Fällen benutzen, wo es auf große Genauigkeit in der Darstellung der tatsächlichen Verhältnisse ankommt, so z. B. wenn man die endlichen Stangenlängen berücksichtigen muß, von denen im folgenden die Rede sein soll.

II. Der Einfluß der endlichen Stangenlängen.

Im vorhergehenden war zu Anfang das genaue Bewegungsgesetz der Kolbenbewegung ermittelt worden und dabei gefunden, daß das sinusversus-Gesetz nur unter der Annahme unendlich langer Stangen Gültigkeit hat. Bei sehr kurzen Pleuelstangen aber, wie sie beispielsweise bei Kriegsschiffsmaschinen durchweg vorkommen, ist diese Annahme durchaus unzulässig, namentlich bei schnelllaufenden Maschinen oder solchen ohne große ausgleichende Schwungmassen. Bei diesen hört jede Symmetrie in der Bewegung auf, und Kolben sowohl als Schieber stehen in Wirklichkeit an ganz anderer Stelle, als bisher angenommen. Statt der senkrechten Projektion von Kurbel- und Exzentermittel sind, wie bereits bei der Kolbenbewegung erwähnt, Bogenprojektionen mit den betreffenden Stangenlängen als Radien vorzunehmen (Tafel II, 2, 3, 4). Kolben und Schieber eilen beim Hingang vor, beim Rückgang nach, z. B. um das Stück NA' (Fig. 28, Tafel II, 4). Im folgenden sollen nun die Größe des Fehlers bei gegebenen Verhältnissen näher untersucht werden und diejenigen Fälle, bei denen man ihn vernachlässigen kann.

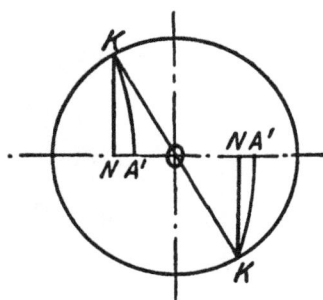

Fig. 28.

Sein Maximum erreicht der Fehler, wie Fig. 29 und Tafel II, 2 zeigt, in der Mittelstellung des Schiebers. Für den Hingang tritt ein:

Fehleraddition: Kolbenweg $+ fk$
oder Schieberweg $+ fs$.

Für den Rückgang:

Fehlersubtraktion: Kolbenweg $- fk$
oder Schieberweg $- fs$.

Die Unsymmetrie ist doppelt. In der nachfolgenden Tabelle ist das Fehlerglied für verschiedene Verhältnisse berechnet, dabei bezeichnet

FIG. 1.

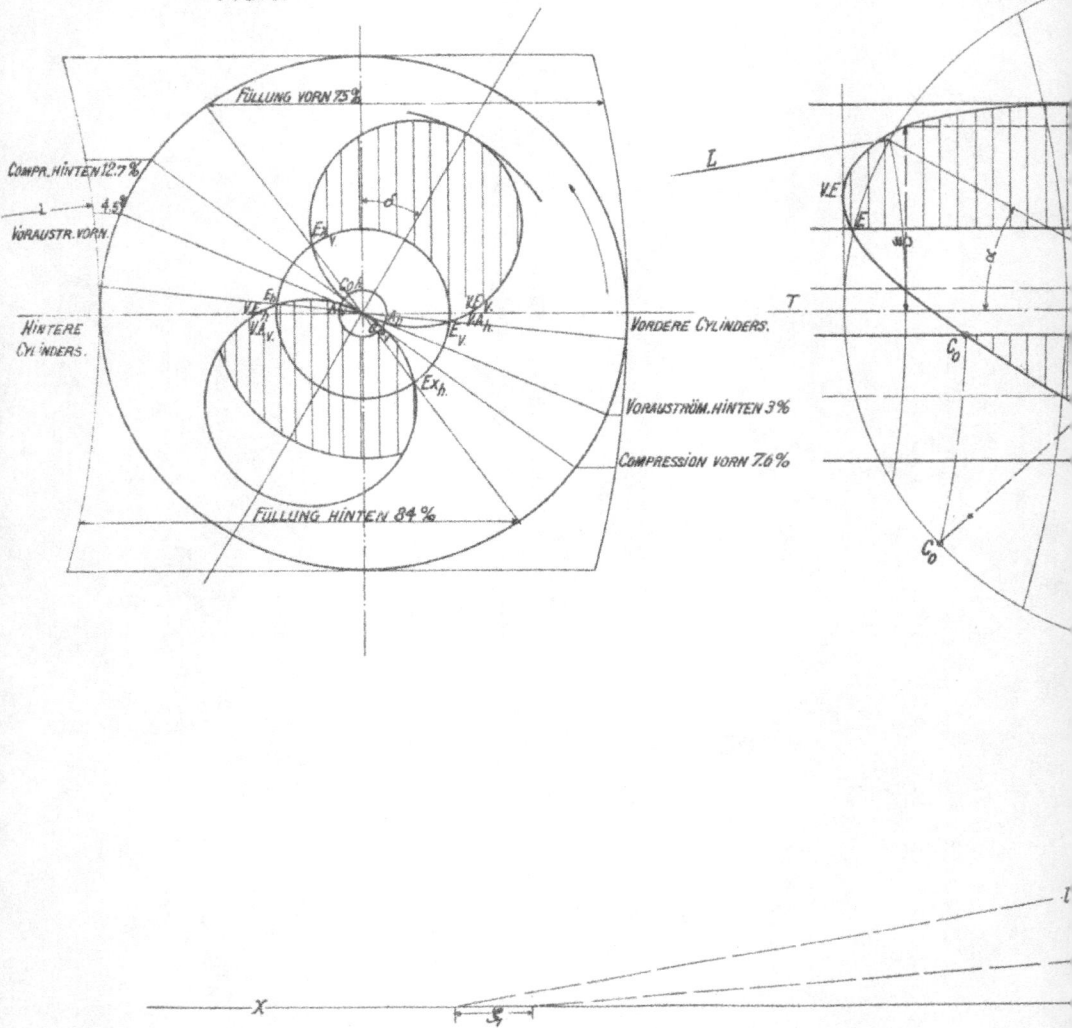

FÜLLUNG VORN 75%

COMPR. HINTEN 12.7%

4.5°

VORAUSTR. VORN.

HINTERE
CYLINDERS.

FÜLLUNG HINTEN 84%

VORDERE CYLINDERS.

VORAUSTRÖM. HINTEN 3%

COMPRESSION VORN 7.6%

L

V.E.

T

X

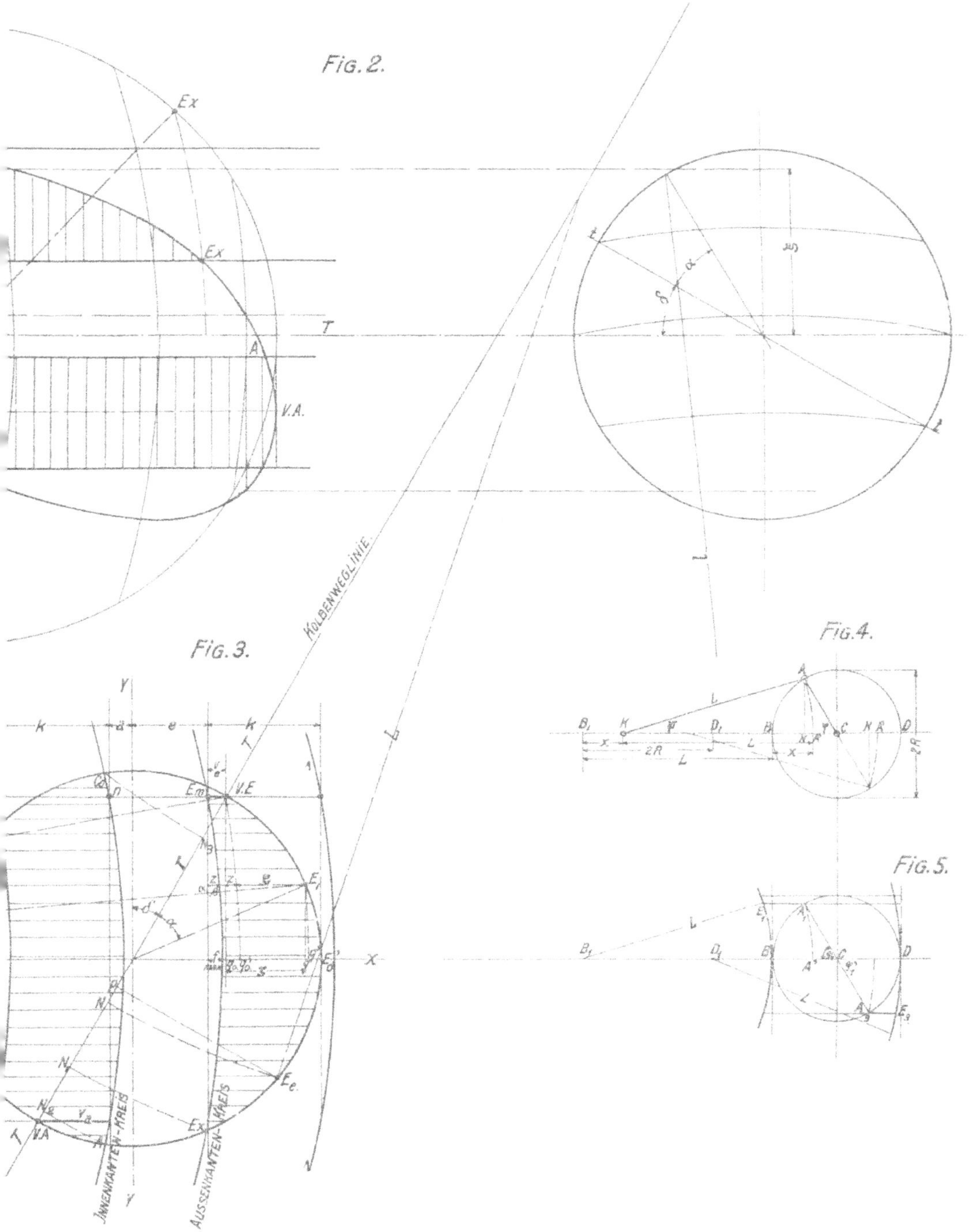

Fig.2.

Fig.3.

Fig.4.

Fig.5.

KOLBENWEGLINIE

INNENKANTEN-KREIS

AUSSENKANTEN-KREIS

Verlag von R. Oldenbourg, München u. Berlin.

l = Exzenterstangenlänge, L = Kolbenstangenlänge,
r = Exzenterradius, R = Kurbelradius.

$\dfrac{l}{r}$; $\dfrac{L}{R}$	4	5	6	10	20	25	30
$\dfrac{f}{R}$ max.	0,127	0,101	0,088	0,055	0,025	0,02	0,017.

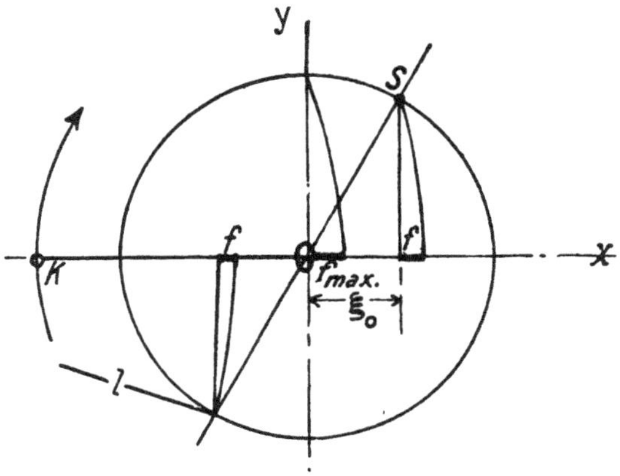

Fig. 29.

Das normale Verhältnis für stationäre Maschinen ist $\dfrac{L}{R} = 5$, dabei beträgt der Fehler etwa 10% der Kurbellänge, d. h. der Kolben steht in der Hubmitte um 5% weiter vor bzw. zurück als bei unendlich langen Stangen. Das gibt z. B.

beim Hingang eine Füllung von 55% statt 50%,
  » Rückgang »   »   » 45% » 50%.

Diese Unterschiede sind in den meisten Fällen so bedeutend, daß sie nicht außer acht gelassen werden dürfen. Bei stehenden Schiffsmaschinen, die in vielen Fällen ein Verhältnis $\dfrac{L}{R} = 4$ haben, wird der Fehler noch bedeutender, ca. 13%.

Für ein Verhältnis $\dfrac{l}{r} = 25$, einen Exzenterdurchmesser $2\,r = 5$ cm ergibt sich immer noch $f_{max.} = 1$ mm. Das wird meistens zu vernachlässigen sein. Es ist jedoch stets bei derartigen Annahmen die Dampfverteilung zur Beurteilung heranzuziehen. Am empfindlichsten gegen Fehler ist die Voreinströmung, sie spielt sich bei einer Winkeldrehung von 5—10^0 ab, nach ihr die Kompression, weil eine bestimmte Endspannung erreicht werden muß (s. oben, schädliche Räume). Vorausströmung und Expansion kommen erst in zweiter Linie in Betracht. Die einzelnen Phasen sollen nunmehr im folgenden näher betrachtet werden.

V o r e i n s t r ö m u n g: Der Voreilwinkel δ liegt gewöhnlich zwischen
20^0 und 30^0, man befindet sich also nahe der Senkrechten, der Fehler f
ist in der Nähe seines Maximums. Das oben errechnete $f_{max} = 1$ mm ist
trotz seiner absoluten Kleinheit für die Voreinströmung (mitunter auch für
die Kompression) oft zu groß. Ist z. B. für eine schnelllaufende Maschine
das ganze $v_e = 1$ mm und auch das Fehlerglied $f = 1$ mm, so hieße das
für den Hingang $v_e = 2$ mm, für den Rückgang $v_e = 0$. Das ist natürlich ein unbrauchbares Resultat und schließt die Verwendung kurzer Exzenterstangen zum Steuerungsantrieb unter normalen Verhältnissen aus.

Für die K o m p r e s s i o n gilt Ähnliches, da sie ja mit der Einströmung
im engsten Zusammenhange steht; bei den übrigen Phasen ist der Fehler
von geringerer Bedeutung.

E x p a n s i o n: Analog erhält man auch hier einen Zuwachs beim Hin-,
eine Verminderung beim Rückgang. Das ist in diesem Falle eine direkte
Arbeitsvermehrung bzw. -verminderung, deren Zulässigkeit in bezug auf den
jeweiligen Zweck der Dampfmaschine, ihre Bauart und Kraftentwicklung zu
beurteilen ist. Wenn größere ausgleichende Schwungmassen fehlen, ist der
Fehler auch hier keineswegs statthaft, namentlich nicht bei stehenden
Maschinen, bei denen sich alle Gewichte der Triebwerksteile beim Auf-
wärts-, d. i. Rückgang als vom Dampfdruck zu überwindender Widerstand
direkt entgegenstellen, beim Abwärtsgang hingegen als Zusatzkräfte zur ver-
größerten Füllung hinzutreten. In solchen Fällen muß von vornherein die
Dampfverteilung mit Absicht ungleich gemacht werden. Dabei wird, je
nach den obwaltenden Bedingungen, verschieden zu verfahren sein. Da die
Einströmung die Hauptaufmerksamkeit verlangt, so ist die Steuerung in den
weitaus meisten Fällen so einzurichten, daß das lineare Voreilen auf beiden
Seiten gleich wird. Das wird in der Praxis beim Montieren der einfachen
Schiebersteuerungen durch genaues Einstellen der Schieberstangenlängen
stets erreicht; der Schieber wird hierdurch etwas unsymmetrisch eingestellt
Die Folge davon ist zunächst gleiches lineares Voreilen und nahezu gleiche
Füllung, alles andere wird aber dabei verschlechtert. Kompression und
Vorausströmung werden mangelhaft, auch die Kanäle werden, wie oben
erwähnt, ungleich eröffnet: auf der einen, der Hingangsseite, ist die Eröffnung am größten $(k + f)$, auf der anderen am kleinsten $(k - f)$. In
Fällen, wo hierdurch zu ungünstige Verhältnisse auftreten, ist man gezwungen,
die Kanalweiten größer zu machen, als es rechnerisch erforderlich sein
würde.

Ein anderes Mittel zur Verhütung der groben, durch die endlichen
Stangenlängen herbeigeführten Fehler ergibt die Änderung der Schieber-
deckungen. Ist die Füllung an einer Zylinderseite größer als errechnet,
so hat man die Einlaßdeckung größer zu machen, ist sie kleiner, die Auslaßdeckung. Völlig einwandfreie Dampfverteilung geben indes nur Steuerungen mit getrennten Ein- und Auslaßorganen, Ventil- und Rundschieber-
steuerungen, die weiter unten behandelt werden sollen. Die einfache

Schiebersteuerung, deren Charakteristikum die vollkommene Zwangläufigkeit und Abhängigkeit aller Bewegungen voneinander und von einer einzigen Kreisbewegung ist, ist nicht anwendbar, wenn es auf eine derartige, genau richtige Dampfverteilung ankommt. In solchen Fällen versagen aber auch die beiden einfachen Diagramme von Zeuner und Müller, die sich auf der Kreisbewegung aufbauen, es bleibt nur die Schieberellipse zur Ermittlung der eigentlichen Vorgänge übrig.

Wie läßt sich nun der Einfluß endlicher Stangenlängen in diesen drei Diagrammen bei den sonstigen, häufig in der Praxis vorkommenden Fällen berücksichtigen?

Für die Schieberellipse ist dies bereits vollständig oben angegeben und ebenso auch für das Müllersche Diagramm. Beide stellen den wirklichen Vorgang tatsächlich dar, bei beiden ist folglich auch die Korrektur der Wirklichkeit entsprechend durchzuführen. Statt senkrecht zu projizieren, für $\frac{L}{R} = \infty$ bzw. $\frac{l}{r} = \infty$, wendet man die Bogenprojektion an, mit den wirklichen Stangenlängen L und l als Radien. Damit ist alles in der einfachsten Weise berücksichtigt und erledigt.

Tafel II, 3 zeigt eine solche Bogenprojektion für das Müllersche Diagramm durchgeführt. Für die Schubstange ist zu berücksichtigen, daß die Bewegung der Projektion P von E auf $T - T$ nur in verjüngtem Maßstabe der Wirklichkeit entspricht, daß also auch die Radien der projizierenden Kreise im Verhältnis $\frac{r}{R}$ reduziert werden müssen. In der Figur sind also statt der Lote EP die Kreisbögen EN zu schlagen, deren Halbmesser sämtlich $= L\frac{r}{R}$ sind, und deren Mittelpunkte auf der verlängerten Kolbenweglinie $T - T$ liegen. Fig. 3 gibt alle diese bis jetzt erwähnten Abweichungen für ein Stangenlängenverhältnis $\frac{L}{R} = 5$.

Für die Exzenterstangen, bei denen indessen eine Korrektion seltener angewendet wird, ist sie ebenfalls für ein Verhältnis $\frac{l}{r} = 5$ durchgeführt, wenn auch in Wirklichkeit das Stangenlängenverhältnis durchweg bedeutend größer ist.

Zunächst ist nun in Tafel II, 3 das normale Schieberdiagramm für den außen liegenden Kanal gezeichnet. Kommt die Schieberkurbel durch Drehung um einen Winkel α aus ihrer Lage in VE nach E_1, so stellt $q_0\, q = \zeta$ den Schieberweg für diese Drehung dar, wenn $l = \infty$ ist. Die ganze Kanaleröffnung ist dann gleich $v_e + \zeta$. Führt man nunmehr Bogenprojektion ein mit $l = 5\, r$, so wird der wirkliche Schieberweg $q_0'\, q' = \zeta_1$ und kleiner als ζ ausfallen.

$\zeta - \zeta_1 = f$ ist demnach das Fehlerglied für die Schieberbewegung. Zieht man durch den Punkt m der Außenkantenlinie ebenfalls den Kreis mit l, so ergibt sich das Stück Z direkt aus der Figur: $Z = a\beta$. Dieses Stück Z stellt die Größe dar, um die der Kanal zu wenig geöffnet ist im Gegensatz zum normalen Diagramm. Die Korrektion besteht also darin, daß man statt der Außenkantenlinie einen Außenkantenkreis zieht, ferner die Kanalkanten- und die Innenkantenlinie durch entsprechende Kreise ersetzt, deren Mittelpunkte sämtlich auf der nach rückwärts verlängerten Achse OX liegen. In diesem Diagramm ergibt sich nun folgendes: Für $\sphericalangle a = 0$ ist $f = 0$; das Voreilen bleibt vom Fehlergliede unbeeinflußt, für beide Seiten gleich groß. Z wächst bis zur äußersten Stellung rechts in E_0, wo es $= f_{max}$ wird für $90^0 - \delta$. Die Vorausströmung bleibt ebenfalls gleich für beide Seiten, der Kanal rechts wird nur um $k - f_{max}$ eröffnet. Für den Kanal links hat das keine Bedeutung, doch ist es klar, daß dieser bei entsprechend entworfenem Diagramm für den inneren Dampfkanal um f_{max} zu viel eröffnet wird, daß also die Korrektionen in bezug auf beide Kanäle in entgegengesetztem Sinne auftreten. Numerisch bestimmt sich:

$$f_{max} = q_0 q_0' = l - \sqrt{l^2 - r^2 \cos^2 \delta},$$
$$= l\left(1 - \sqrt{1 - \left(\frac{r}{l}\cos \delta\right)^2}\right),$$
$$f_{max} = \frac{r^2}{2\,l}\cos \delta;$$

für
$$r = 60 \text{ mm}, \quad l = 3000 \text{ mm}, \quad \delta = 30^0$$

wird $f_{max} = 0{,}52$ mm, also so klein, daß es in der Regel fortgelassen werden kann.

Genau ebenso werden die Korrektionen bei der Schieberellipse durchgeführt (Tafel II, 2). Im Kurbelkreis wird mit L, im Exzenterkreis mit l bei richtiger Lage der Kolben- und Schieberweglinien zueinander projiziert, alsdann werden die wirklichen Schieberwege ξ zu den wirklichen Kolbenwegen x herübergenommen. ξ wird geradlinig aufgetragen, infolgedessen auch Einlaß- und Auslaßdeckungslinie. Die Strecken zwischen den Decklinien und der unregelmäßig eiförmigen Kurve (sie ist stets nach oben gebaucht, nach unten flach) geben in gewöhnlicher Weise die Eröffnungen. Durch die Trennung in zwei Figuren wird die größte Klarheit und Übersichtlichkeit gewahrt, es kommen überhaupt keine neuen Konstruktionslinien hinein, denn an die Stelle der Kreise traten bei unendlich langen Stangen die Geraden. Auch die Decklinien sind unverändert geblieben, kurz die Ellipse zeigt hier ganz besonders ihre Überlegenheit den anderen Diagrammen gegenüber, man wendet sie auch, wenn die Stangenlängen berücksichtigt werden müssen, fast ausschließlich an.

Tafel II, 1 zeigt endlich die Anwendung der Korrektur auf das Zeunersche Diagramm. Sie stimmt vollständig mit Tafel II, 5 überein. Die Exzenterstangenlänge läßt sich aber bei diesem Diagramm überhaupt nicht graphisch berücksichtigen. Eventuell kann man durch Rechnung den Fehler durch das sog. Fehlerglied der Zeunerschen Entwicklung ermitteln. In der Figur sind die Werte für den betreffenden Fall eingeschrieben, sie stimmen mit der für f_{max} gegebenen Tabelle überein.

Sieht man von dem Einfluß der endlichen Exzenterstangenlänge ab, der, wie gezeigt, nur sehr gering ist, so läßt sich nun das Zeunersche Diagramm für endliche Schubstangenlängen weit schneller aufzeichnen und leichter übersehen als das Müllersche, das die Korrektionen überdies nur für eine Seite gibt; nachteilig indes für das erstere ist die Verquickung eines wirklichen Vorgangs mit einem durch reine Rechnung gefundenen Resultat.

Im weiteren soll nun, nachdem der Einfluß endlicher Stangenlängen für alle drei Diagramme festgestellt und erörtert worden ist, angenommen werden, daß, wie zu Anfang, auch ferner L und l unendlich groß sind, damit die Übersichtlichkeit und Einfachheit durch das jedesmalige Hinzufügen dieser Nebenuntersuchung nicht verloren geht. Geht man näher auf eine bestimmte Steuerung ein, so ist eben für diese der Grundsatz aufzustellen, daß alle Resultate einer Beurteilung unterzogen werden müssen, welche über die Zulässigkeit der gemachten Angaben entscheidet.

III. Abänderungen des einfachen Muschelschiebers.

Trickscher Kanalschieber.

Es liegt, wie schon oben erwähnt, im Wesen der einfachen Muschelschiebersteuerung, daß sie nur bei kleinen Voreilwinkeln, also bei größeren Füllungsgraden, vorteilhaft arbeitet. Eine kleinere Füllung ergab großen Voreilwinkel und in seinem Gefolge schleichende Bewegung bei Eröffnung und Schluß wegen des kleinen Eröffnungswinkels am Hubende (Fig. 30).

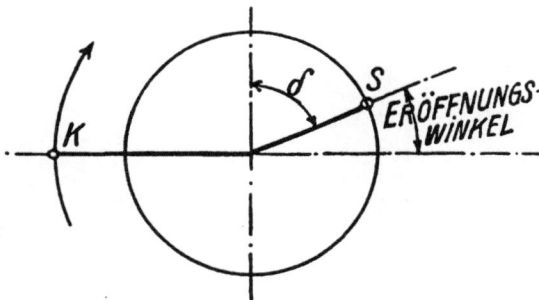

Fig. 30.

Abhilfe gegen beide Fehler liefert der Kanalschieber von Trick. Es ist dies ein gewöhnlicher Muschelschieber mit allen Fehlern eines solchen: bei kleiner Füllung große Überdeckung und großer Voreilwinkel sowie schleichende Eröffnungs- und Schlußbewegung. Durch Anbringung eines Hilfskanals in der Einlaßdeckung, der den Dampf von der entgegengesetzten Seite des Schiebers holt, besitzt er aber ein konstruktives Mittel zur Verbesserung des Beginnes und Endes der Einströmung. Die Wirkungsweise dieses Kanals ist folgende (s. auch Tafel III, 4—7):

Solange der Hilfskanal, an der rechten Seite z. B., geschlossen ist, wirkt der Schieber wie ein gewöhnlicher Muschelschieber, sowie aber von links Dampf in den Hauptkanal einströmen kann, ist bei richtig gebautem Schieberspiegel auch rechts der Hilfskanal offen. Zu dem Zweck muß das Stück $l = e$ gemacht werden. Damit ist aber die Gesamteröffnung verdoppelt, insbesondere hat auch die Voreinströmung die Größe $2 v_e$. Die Verdoppelung findet so lange statt, bis $2 k_1$ gleich der doppelten Weite

FIG.1.

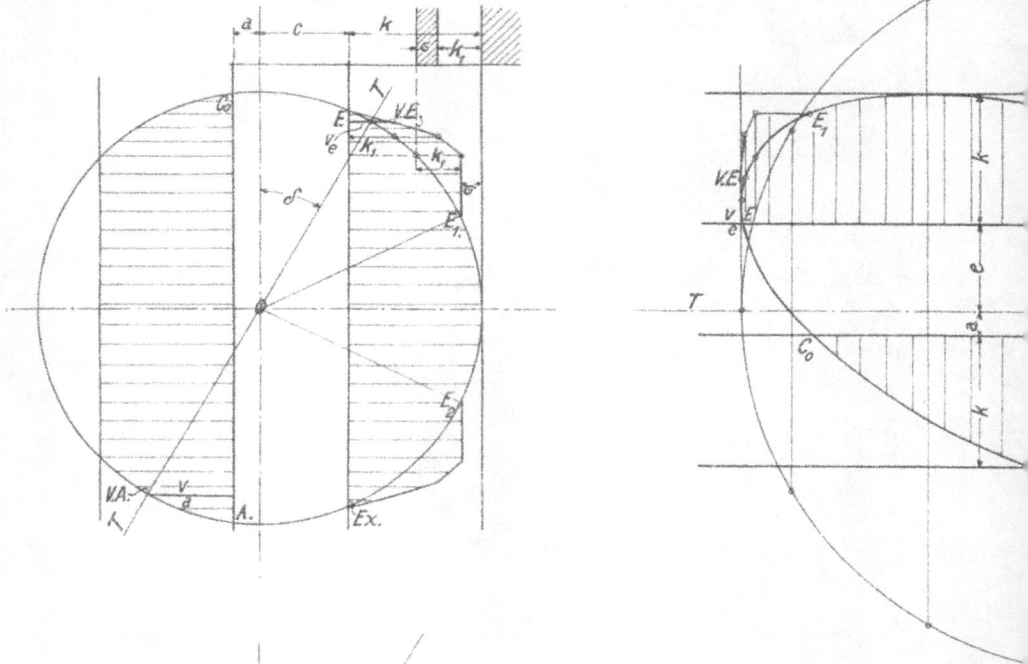

FIG.3.

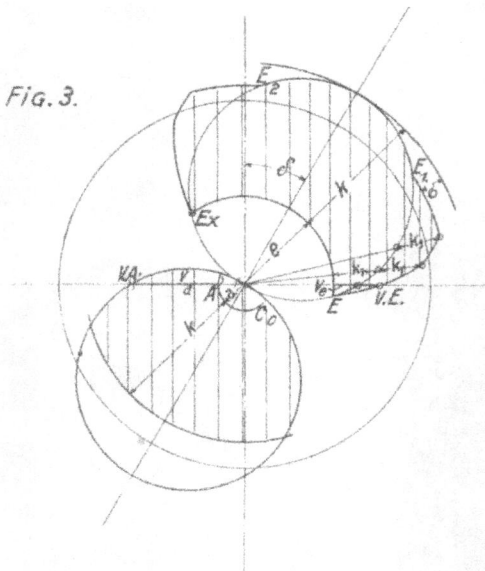

FIG.4.

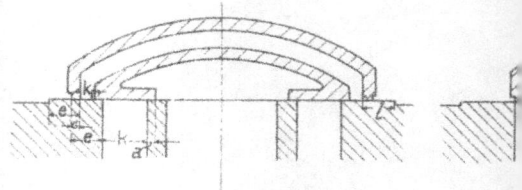

Dannenbaum, Die Dampfmaschine und ihre Steuerung

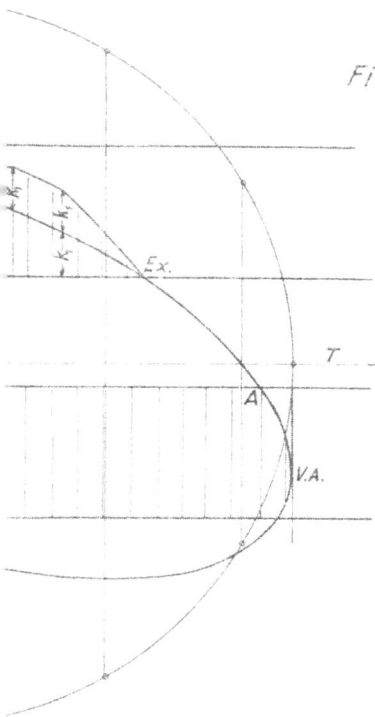

Fig. 2.

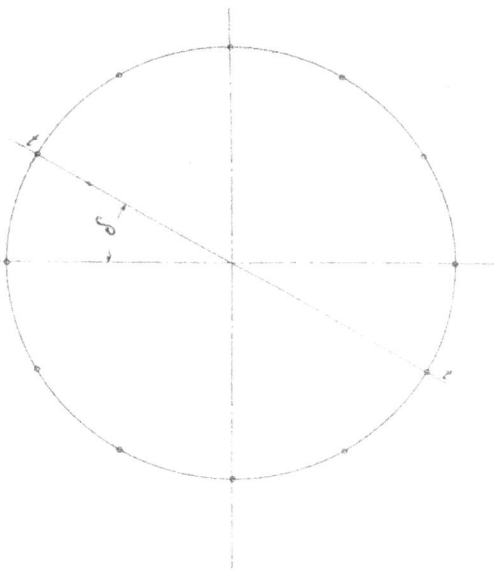

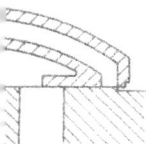 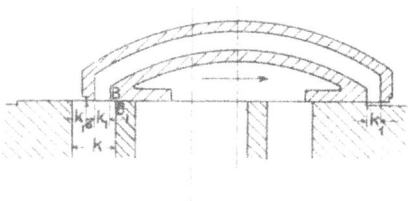 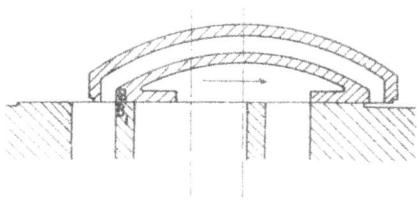

Fig.6.   Fig.7.

Verlag von R. Oldenbourg, München u. Berlin.

des Hilfskanals ist. Diese Größe wird erreicht, wenn die Vorderkante (Tafel III, 6) um k_1 geöffnet hat. Von nun an erhält die noch wachsende Kanaleröffnung den Zuwachs k_1 so lange, bis die Kante B über B_1 zu stehen kommt, dann schließt sich der Hilfskanal wieder. Ist der Kanal im Schieber ganz geschlossen, so wirkt dieser als gewöhnlicher Muschelschieber weiter und zwar, dem Drehwinkel $\alpha = \sphericalangle E_1 O E_2$ entsprechend, bis auf dem Rückgang alles soeben Erörterte gleichfalls für den Schluß stattfindet. Die Vorgänge sind in ihren Hauptperioden auf Tafel III, 4—7 dargestellt und lassen sich mit jedem der drei Diagramme gleich gut übersehen. Für alle ist die Exzentrizität $r = e + k$ zugrunde gelegt. In diesem Falle erstreckt sich der Einfluß des Hilfskanals nur auf Anfang und Ende der Einströmung. Macht man indessen, wie es häufig geschieht, $r < e + k$, und zwar $r = e + k - s$, so verschwinden die Ecken in den Diagrammen, man erhält einen sehr lange offenen Kanal, nutzt aber die volle vorhandene Kanalweite ungenügend aus.

Ein Vergleich der drei zur Darstellung gebrachten Diagramme zeigt keine wesentlichen Vorzüge eines derselben. Sowohl beim Müllerschen als beim Zeunerschen wird deutlich die Verbesserung der Einströmung zu Anfang und Schluß gezeigt; vielleicht noch besser veranschaulicht die Schieberellipse das rapide Öffnen des Dampfkanals und die große Verbesserung am Ende der Einströmung; die Kurve trifft unter 45^0, gegen 30^0 vorher, auf die Horizontale auf.

IV. Schiebersteuerungen mit veränderlicher Expansion.

a) Allgemeines.

Bisher war stets die Annahme gemacht, daß der Antrieb des Schiebers geradlinig erfolge, in seiner Mittelachse und ohne Zwischenschaltung weiterer Organe. Nur für diesen Fall gelten die geometrischen Zusammenhänge. Für jeden anderen Fall ist die dadurch hervorgerufene Änderung rechnerisch und graphisch festzulegen.

Häufig z. B. findet sich der schräge Antrieb, so bei vielen Lokomotivmaschinen. In diesem Falle ist die bisherige einfache Gleichung für den Schieberweg nicht mehr gültig. Die allgemeine Gleichung lautete:

$$\xi = r \sin (\vartheta + \alpha).$$

Sie war, wie gezeigt, durch einfache Projektion gefunden. Liegt nun die Schieberschubstange um den Winkel β geneigt, so ist prinzipiell nichts geändert, man projiziert lediglich auf die neue Richtung des Schieberschubs und erhält (Fig. 31):

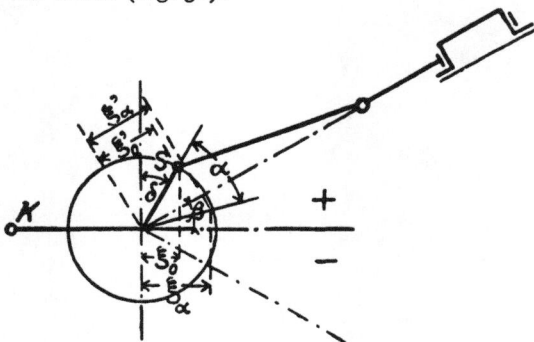

$$\xi = r \cdot \sin (\vartheta + \alpha \pm \beta).$$

Das $+$-Zeichen gilt für schräg aufwärts, das $-$-Zeichen für schräg abwärts gerichtete Schieberschubstangen. Dieser einfache geometrische Zusammenhang enthält die Grundlagen zur Theorie der Kulissensteuerungen. Neben der Umkehr der Bewegungsrichtung ist der Hauptzweck derselben, der hier zunächst in Frage kommt, Veränderlichkeit der Expansion zu erzielen.

Fig. 31

Alle Expansionssteuerungen dienen dazu, die Dampfspannung innerhalb beliebiger Grenzen durch verschiedene Ausdehnung nutzbar zu machen.

Einem bestimmten Dampfvolumen im Zylinder soll sein ganzes Arbeitsvermögen entzogen werden. Stellt s z. B. das Volumen des Dampfzylinders vor (Fig. 32), so wird dasselbe unmittelbar von dem gewünschten Expansionsgrad bestimmt. Gibt in diesem Falle s_h das Volumen des Hochdruckzylinders an, so ist ersichtlich, daß die Expansion nur sehr gering ist, es herrscht fast stets voller Anfangsdruck. Aus dem Diagramm geht aber auch ferner hervor, daß der Vorteil der Expansionsmaschine in einem Arbeitsgewinn besteht (senkrecht schraffiert in Fig. 32). Dieser Vorteil muß naturgemäß durch ein entsprechend großes Zylindervolumen, also einen teuren Zylinder, und durch verhältnismäßig hohe Eintrittsspannung erkauft werden.

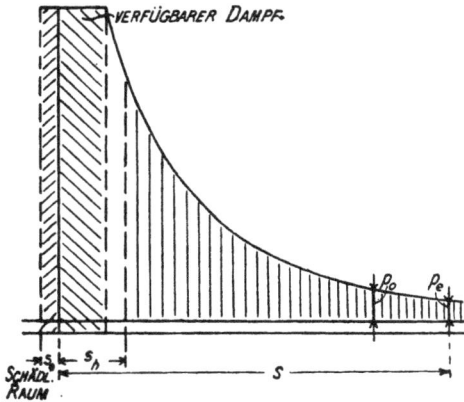

Fig. 32.

Im übrigen kann die Expansion nur bis zu einer bestimmten Grenze getrieben werden, nur so weit, wie man noch nutzbaren Arbeitsgewinn erzielen kann, d. i. so weit, daß noch der Endarbeitsdruck die Leergangsarbeit, abgesehen von Wärmeverlusten, überwiegt. Nur in diesem Falle leistet die Maschine noch Nutzarbeit.

Trägt man die Füllung $\frac{s_1}{s}$ als Abszisse, den Dampfverbrauch S in kg für die Pferdekraft und Stunde als Ordinate auf, so erhält man das Arbeitsdruckdiagramm (s. Fig. 33): Vollfüllung $\frac{s_1}{s} = 1$ gibt zunächst den größten Dampfverbrauch, dann sinkt derselbe bis zu einem Minimum (bei B), um von hier aus wieder zu steigen. Die asymptotische Annäherung der Kurve in ihrem weiteren Verlauf an die Y-Achse bedeutet,

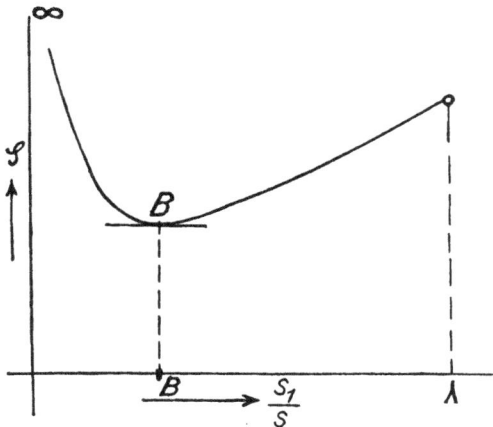

Fig. 33.

daß der Dampfverbrauch unendlich groß wird, falls auch die Nutzarbeit gleich Null wird. Bei Dampfmaschinen mit Kondensation liegt die günstigste Füllung zwischen 0,25 und 0,15.

Wird von einer Steuerung veränderliche Expansion verlangt, so heißt das: die Steuerung soll so eingerichtet werden, daß, je nach der Belastung der Maschine, große oder kleine Füllungen gegeben werden können, und zwar soll dies die Maschine möglichst selbsttätig durch den Regulator besorgen.

Für die R e g u l i e r u n g gibt es nun zwei Wege:

1. Man läßt die Füllung konstant, ändert aber die Dampfspannung im Kessel durch Drosselung. Dieser Weg ist schlecht und wird nur in Ausnahmefällen zur Anwendung gebracht, da mit ihm zu große Arbeitsverluste verbunden sind. Ein solcher Ausnahmefall kann eintreten, wenn es sich um besondere Schnelligkeit und Sicherheit beim Übergang von einer Expansionsstufe zur anderen handelt. Mit der eigentlichen Steuerung hat er nichts zu tun.

2. Man ändert die Füllung, vergrößert sie bei zunehmendem, verkleinert sie bei abnehmendem Widerstand, und zwar meist automatisch. Dieser Fall liegt bei der Behandlung der Steuerungen hier vor. Zunächst hat man sich bemüht, die einfache Schiebersteuerung so zu gestalten, daß veränderliche Füllung mit ihr erreicht werden kann. Zu dem Zweck sind diejenigen Größen, die Einfluß auf die Dampfverteilung haben, veränderlich gemacht. Folgende Wege bieten sich dabei dar: Man kann veränderlich machen:

1. die Überdeckungen,
2. die Exzentrizität r,
3. den Voreilwinkel δ,
4. Exzentrizität und Voreilwinkel.

Dazu ist zu sagen:

1. Veränderliche Deckungen lassen sich konstruktiv schwer ausführen.

2. Veränderliche Exzentrizität, d. i. veränderlicher Schieberhub, hat zur Folge, wie aus Fig. 34 hervorgeht, daß das Voreilen stark variiert (bei r_{min} tritt sogar Nacheilen ein), daß ferner die Kanaleröffnungen ungenügend werden mit kleinerer Füllung, und daß endlich der eigentliche Zweck gar nicht erreicht wird, weil die Änderung der Füllung nur innerhalb sehr enger Grenzen durch dieses Mittel stattfindet. Dieser Weg führt demnach nicht zum Ziel, er wirkt sogar schädlich auf die Steuerung ein, da das veränderliche lineare Voreilen die Einströmung verdirbt.

3. Veränderung des Voreilwinkels ergibt eine größere Expansion als die durch Veränderung des Schieberhubs herbeigeführte, aber immer noch nicht groß genug für die Erfordernisse der Praxis. Außerdem ändert sich jetzt das lineare Voreilen noch stärker und macht auch diesen Weg unbenutzbar (s. auch Fig. 35).

Mit der Veränderlichkeit nur eines Steuerungsgliedes ist demnach nichts zu erreichen, es bleibt also nur noch übrig, beide, r und δ, gleichzeitig zu ändern, derart, daß δ wächst, wenn r abnimmt, wie es in Fig. 36 veranschaulicht ist. Aus dieser Darstellung geht nun hervor, daß die Füllungsänderungen allen praktischen Anforderungen genügen, daß ferner die Veränderlichkeit des Voreilens nach Belieben geregelt werden kann, daß man auch sehr gut für alle Expansionsgrade konstantes Voreilen erhalten kann (s. Fig. 36a). Dabei liegen dann alle Einströmungspunkte in einer Geraden, zur Y-Achse parallel. Im allgemeinen liegen sie in einer Kurve, der sog. Zentralkurve nach Zeuner. Konstruktive Lösungen der gleichzeitigen Veränderung von r und δ existieren mehrere, am verbreitetsten sind zwei davon:

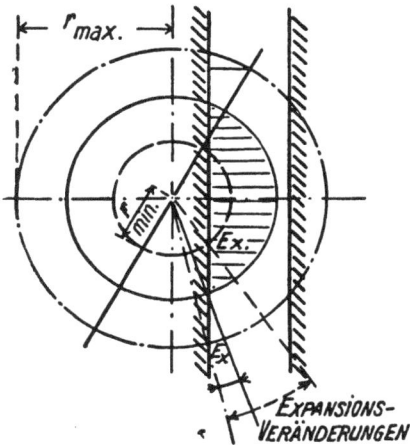

Fig. 34.

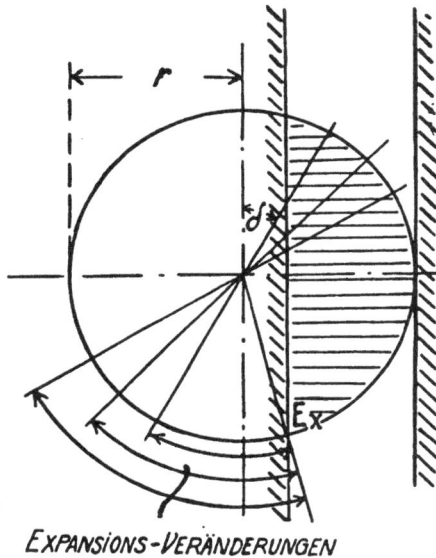

Fig. 35.

1. Man setzt zwei Exzenterscheiben übereinander, von denen die innere fest auf der Kurbelwelle aufgekeilt, die äußere dagegen auf jener verdrehbar ist. Die lose Exzenterscheibe wird von einem Achsenregulator beeinflußt. Auf diese Weise erfolgt die Regulierung sehr vieler schnelllaufender Dampfmaschinen, man erhält so annähernd konstantes Voreilen und mäßig veränderliche Füllungen (Fig. 37).

Die zweite konstruktive Lösung zur Erzielung einer Veränderlichkeit in Hub und Voreilwinkel ist die durch Kulissen- und Lenkersteuerungen. Die Wirkung, die oben durch das Verschieben zweier Exzenterscheiben zueinander hervorgerufen wurde, erreicht man hierbei durch Zusammensetzung zweier getrennter Bewegungen:

Man setzt auf die Antriebswelle zwei feste Exzenter (r, δ) nebeneinander und verbindet die Enden der zugehörigen Exzenterstangen durch einen Schleifbogen gelenkig miteinander. Dieser Schleifbogen setzt beide Exzenterbewegungen zusammen. Durch Verschieben des auf ihm gleitenden Kulissensteins, der mit dem Dampfverteilungsschieber in Verbindung steht, lassen sich die verschiedenen Füllungsgrade erreichen. Die Stellung der Exzenter zur Welle ist derart, daß eines für den Vorwärtsgang, das andere für den Rückwärtsgang bestimmt ist, die Umsteuerung wird alsdann durch den Übergang des Kulissensteins von einer Endlage in die andere bzw. in die zugehörigen Expansionsstufen bewirkt.

Es ist nicht notwendig, daß die beiden Bewegungen symmetrisch von einem Punkte abgeleitet werden, die gleiche Wirkung wird erzielt, wenn

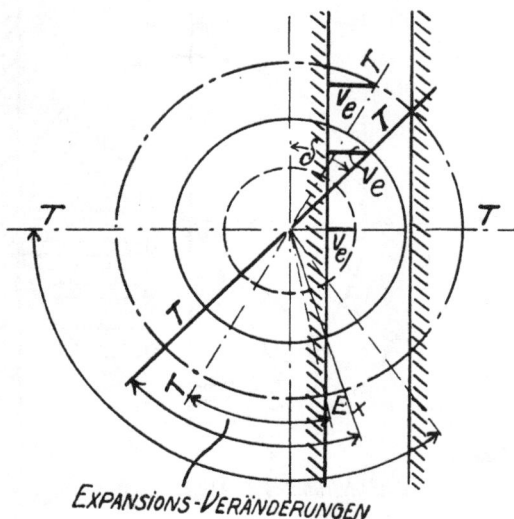

Expansions-Veränderungen

Fig. 36.

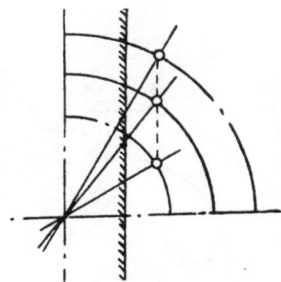

Fig. 36a.

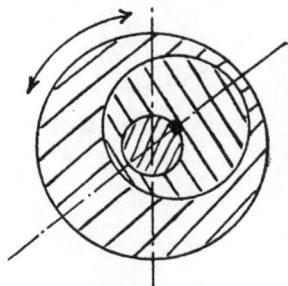

Fig. 37.

man die einfache Exzenterbewegung mit einer geeigneten, von irgend einem Punkte des Kurbelmechanismus abgeleiteten anderen Bewegung so zusammensetzt, daß als Hauptbedingung Veränderlichkeit der Expansion hervortritt. Die Umsteuerung wird dann durch die Umkehrbarkeit des einen Bewegungssinnes hervorgerufen. Die Zusammensetzung der Bewegungen braucht dabei nicht durch eine Kulisse zu geschehen. Das Prinzip ist: Man schafft zwei Bewegungen, von denen eine für den Vorwärtsgang, die andere für den Rückwärtsgang da ist, und setzt diese beiden durch ein Hebelwerk so zusammen, daß alle Zwischenlagen bis zur Bewegungsumkehrung ermöglicht werden.

b) Die Kulissensteuerungen.

Die Grundlage der Theorie aller Kulissen- und Lenkersteuerungen ist im vorhergehenden bereits gegeben; für die in Tafel IV ausführlicher behandelte Stephensonsche Kulissensteuerung, die älteste und übersichtlichste aller vorhandenen, möge nun im folgenden die Länge der Exzenterstangen $= \infty$ gesetzt werden, was gleichbedeutend ist mit einem geradlinigen Antrieb der Schleifbogenenden direkt durch das eine Exzenter. Für den Normalwert $\frac{l}{r} = 25$, wie er auch in Tafel IV angenommen ist, ist die Abweichung sehr gering, die von den Kulissen in Wirklichkeit beschriebenen Schleifen haben nur geringe Pfeilhöhe (Fig. 38). Greifen wir nun einen unendlich kleinen Teil der Bewegung heraus und nehmen beide, aus denen

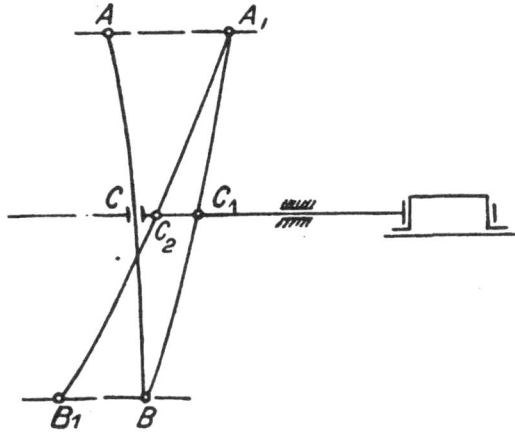

Fig. 38.   Fig. 39.

sie sich zusammensetzt, einzeln vor, so kommt bei einer Drehung um B als Festpunkt (Fig. 39) zunächst A nach A_1 und C nach C_1. Zweitens wird aber der Punkt B um A_1 als Drehpunkt in entgegengesetztem Sinne nach B_1 gedreht, C_1 nach C_2, so daß die ganze Verschiebung von C, welches den Stein vorstellen möge, gleich $C C_2$ ist. Sieht man bei diesen unendlich kleinen Bewegungen und bei der Länge der Kulisse alles geradlinig an, so ist

$$C C_1 = A A_1 \frac{B C}{A B};$$

ebenso

$$C_1 C_2 = B B_1 \frac{A C}{A B};$$

Daraus ergibt sich die wirkliche Verschiebung $C C_2$, und das Wirken der Kulisse ist das eines einfachen Übersetzungshebels.

Die resultierende Bewegung aller Kulissensteuerungen führt, wie die Gleichung $\xi = r \sin (\delta + \alpha \pm \beta)$ zeigt, wieder auf eine Kreisbewegung, und damit ist auch die Anwendbarkeit aller drei Diagramme für diesen Fall erwiesen.

Durch die Anwendung des Schleifbogens findet der Angriff auf den Schieber in schräger Richtung statt, unter einem Winkel β. Dieser Winkel ist in dem Beispiel auf Tafel IV variabel je nach der Lage der Kulisse. In der Mitte ist $\beta_1 = \beta_2$ (Fig. 40).

Findet nun die Bewegung des Schiebers in Richtung seiner Mittelachse statt, so war, wie oben gezeigt:

$$\xi = r \cdot \sin (\delta + \alpha);$$

findet sie in schräger Richtung unter einem $\measuredangle \beta$ zu derselben statt, so war ebenso

$$\xi = r \cdot \sin (\delta + \alpha \pm \beta).$$

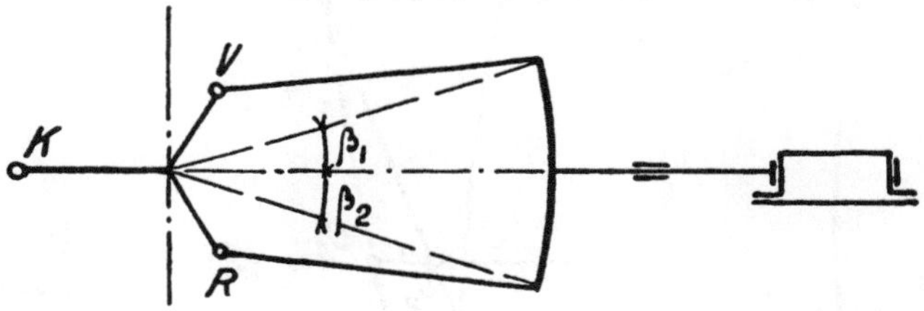

Fig. 40.

Im vorliegenden Falle trifft aber beides nicht zu, der Punkt A soll sich in einer Geraden verschieben (Fig. 41), der Weg ist die Komponente der verursachenden schrägen Bewegung und zwar:

$$\xi = \frac{r}{\cos \beta} \cdot \sin (\delta + \alpha \pm \beta).$$

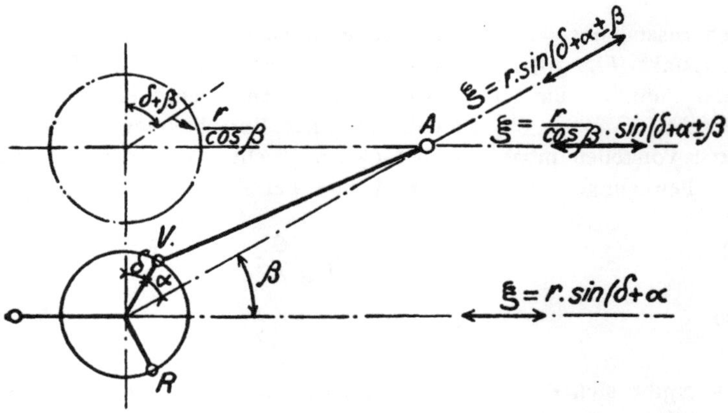

Fig. 41.

Diese Bewegung wird hervorgerufen durch einen Hub $\dfrac{r}{\cos \beta}$ und einen Voreilwinkel ($\delta \pm \beta$); führt man so die Kulissenbewegung auf die einfache Exzenterantriebsbewegung zurück, so kann man sich ein neues Exzenter (strichpunktiert in Fig. 41) denken, welches den Punkt A direkt antreibt.

Bei der in Tafel IV behandelten Stephenson-Steuerung greift die Schieberstange direkt an den Kulissenstein ohne Zwischenglied an, die Kulisse selbst wird bewegt, der Stein steht fest. Der Schleifbogen habe die Länge $2\,c$, die veränderliche Senkung sei $= u$. Ist die Kurbel in der Totlage und sind die Exzenter dabei von ihr abgekehrt, so gibt Fig. 42 die Steuerungsanordnung mit offenen, Fig. 42 a die mit gekreuzten Stangen.

Maßgebend für die Zusammensetzung der Bewegungen und das Aufsuchen des resultierenden Exzenters ist die sog. Zentralkurve, die sich durch

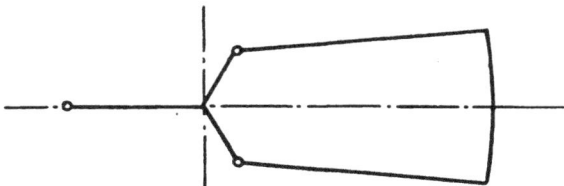

Fig. 42.

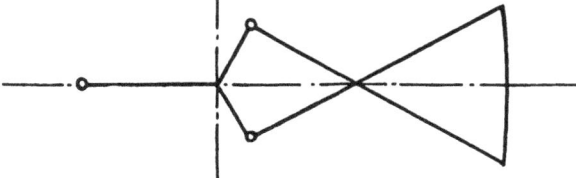

Fig. 42 a.

Konstruktion aus dem Steuerungsschema (Tafel IV, 4) oder auch durch Rechnung ergibt. Für die zeichnerische Zusammensetzung der Bewegungen denkt man sich die Kulisse in entsprechende Teile geteilt und setzt alsdann nach dem Parallelogrammgesetz zusammen.

Die beiden zueinander gehörigen Bewegungen sind:

$$1. \quad \frac{r}{\cos \beta_1} \cdot \frac{c - u}{2\,c},$$

$$2. \quad \frac{r}{\cos \beta_2} \cdot \frac{c + u}{2\,c}.$$

Deren Resultante ergibt sich aus dem Parallelogramm ($r_r \cdot \delta_r$).

Zunächst mögen die entscheidenden Punkte bestimmt werden:

1. $\beta_1 = 0$,

$\beta_2 = $ max (das Rückwärtsexzenter bleibt ohne Einfluß).

Hierbei arbeitet das Vorwärtsexzenter $(r \cdot \delta)$ allein, also gehört Punkt V zur Zentralkurve, die Kulisse ist vollständig untätig.

2. Für den Punkt R ergibt sich das Umgekehrte.

3. $\beta_1\,\beta_2 \cdot = \beta_0$.

Beide Exzenter tragen gleichviel zur Bewegung bei; durch Halbierung von OV und OR (Tafel IV, 4) und Vervollständigung zum Parallelogramm findet man r_4; δ_4 ist $= 90^0$ und stellt die Grenze dar.

4. Im allgemeinen ist β_1 und β_2 verschieden für eine beliebige Senkung u. Man mißt die betreffenden Winkel β_1 und β_2 aus dem Steuerungsschema (Tafel IV, 5) und konstruiert $\dfrac{r}{\cos \beta}$ graphisch. Endlich ist noch die Hebelübersetzung hineinzubringen:

$$\frac{r}{\cos \beta_1} \cdot \frac{c + u}{2\,c} \quad \text{und} \quad \frac{r}{\cos \beta_2} \cdot \frac{c - u}{2\,c}.$$

Deren Zusammensetzung ergibt punktweise die Zentralkurve. In Tafel IV, 4 sind auf solche Weise fünf Punkte angegeben. Die analytische Rechnung ergibt eine Parabel, die man schon aus den drei Hauptpunkten $V - 4 - R$ aufzeichnen kann.

Der Schieberweg bei der Stephensonschen Steuerung berechnet sich nach Zeuner:

$$\xi = r \left(\sin \delta + \frac{c^2 - u^2}{c \cdot l} \cdot \cos \delta \right) \cdot \cos u \pm$$

$$\pm\, \frac{u\,r}{c} \cos \delta \cdot \sin u + F$$

oder unter Fortlassung des Fehlergliedes F

$$\xi = A \cos u \pm B \sin u.$$

Das stellt wiederum die Polargleichung eines Kreises dar, dessen Mittelpunkt die Koordinaten hat:

$$OB = \frac{A}{2} = \frac{r}{2} \left(\sin \delta + \frac{c^2 - u^2}{c\,l} \cos \delta \right),$$

$$BC = \frac{B}{2} = \frac{r\,u}{2\,c} \cos \delta = y.$$

(Siehe auch Fig. 43 und Tafel IV, 3.)

Wird der Anfangspunkt des Koordinatensystems nach C_4 verschoben, so wird

$$x = OC_4 - OB.$$

Der Wert für OC_4 läßt sich aus der Gleichung für OB ermitteln, indem man $u = o$ setzt. Dann ist:

$$OC_4 = \frac{r}{2} \left(\sin \delta + \frac{c}{l} \cos \delta \right),$$

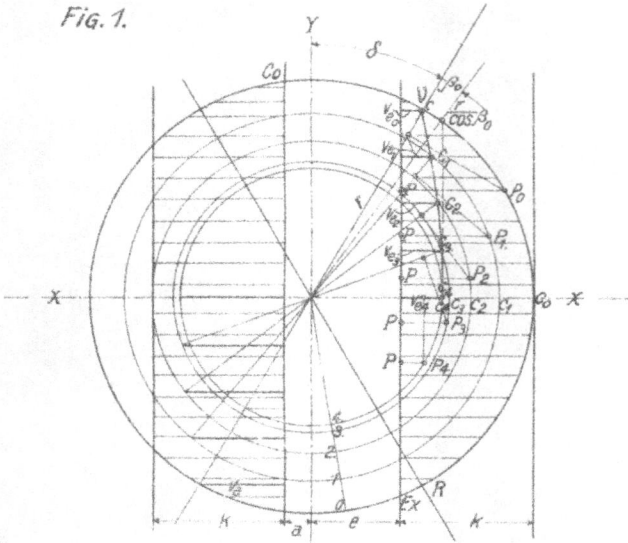

Fig. 1.

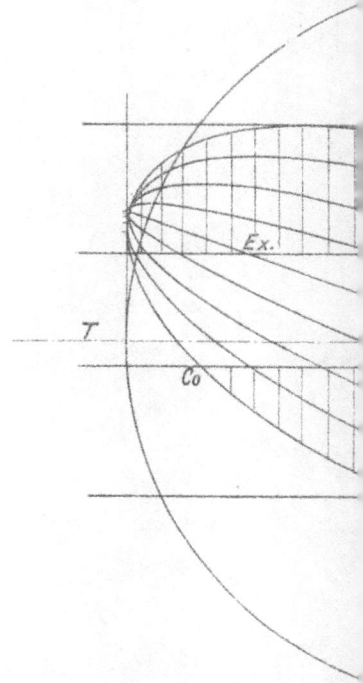

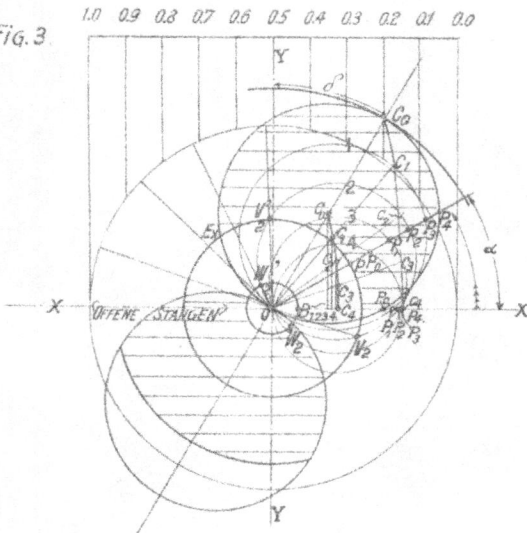

Fig. 3.

1.0 0.9 0.8 0.7 0.6 0.5 0.4 0.3 0.2 0.1 0.0

OFFENE STANGEN

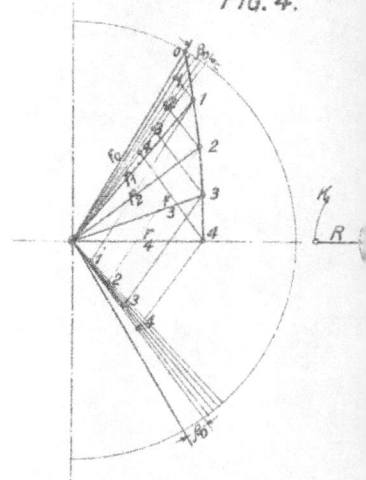

Fig. 4.

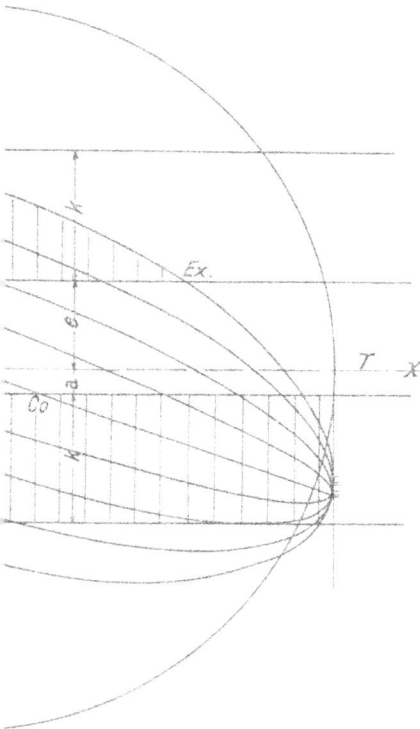

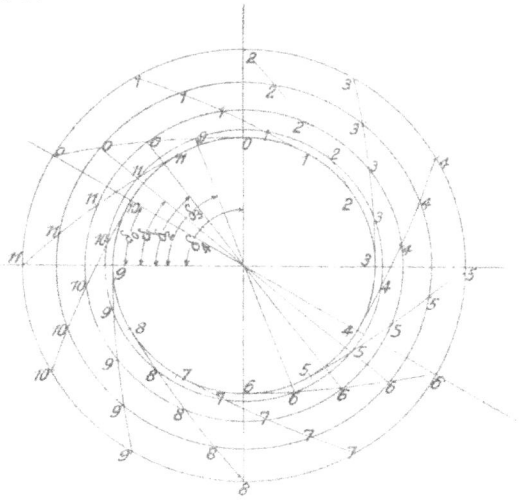

Fig.2.

Fig. 5.

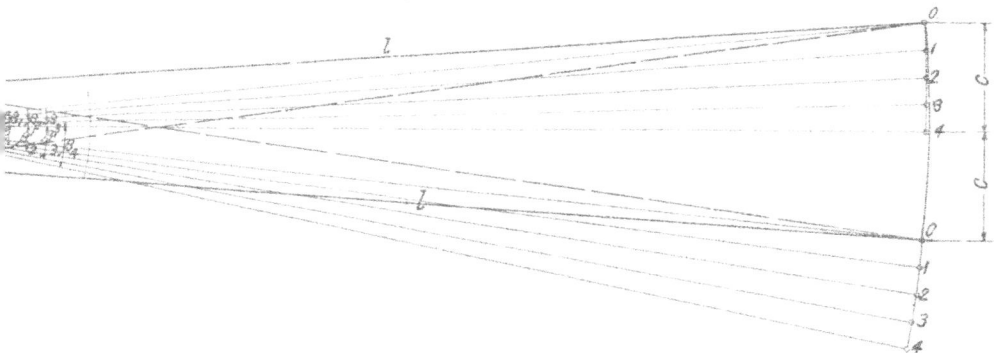

Verlag von R. Oldenbourg, München u. Berlin.

also:

$$x = \frac{r \cdot u^2}{2\,c\,l} \cdot \cos \delta\,;$$

$$y = \frac{r\,u}{2\,c} \cos \delta,$$

eliminiert man aus beiden Gleichungen u, so ergibt sich:

$$y^2 = \frac{l \cdot r \cdot \cos \delta}{2} \cdot x$$

als Gleichung einer Parabel symmetrisch zur x-Achse mit dem Scheitel in C_4.

Für Fig. 3, Tafel IV sind die Rechnungen durchgeführt und ergeben mit:

$$r = 0{,}06 \text{ m}, \qquad \delta = 30^0,$$
$$l = 1{,}4 \text{ m}, \qquad e = 0{,}024 \text{ m},$$
$$c = 0{,}15 \text{ m}, \qquad a = 0{,}007 \text{ m},$$

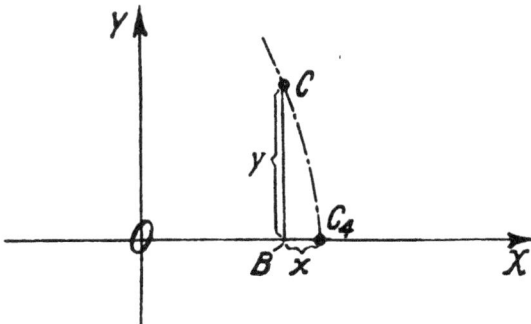

Fig. 43.

für fünf Expansionsgrade bei offenen Stangen:

1. $u = c$,
$$O\,B_0 = \tfrac{1}{2}\,r \sin \delta = 0{,}015 \text{ m},$$
$$B_0\,C_0 = \tfrac{1}{2}\,r \cos \delta = 0{,}026 \text{ m},$$

2. $u = \tfrac{3}{4}\,c$,
$$O\,B_1 = 0{,}0162 \text{ m},$$
$$B_1\,C_1 = 0{,}0195 \text{ m},$$

3. $u = \tfrac{1}{2}\,c$,
$$O\,B_2 = 0{,}0171 \text{ m},$$
$$B_2\,C_2 = 0{,}013 \text{ m},$$

4. $u = \tfrac{1}{4}\,c$,
$$O\,B_3 = 0{,}0176 \text{ m},$$
$$B_3\,C_3 = 0{,}0065 \text{ m},$$

5. $u = o,$

$$O B_4 = 0,0178 \text{ m,}$$
$$B_1 C_4 = 0,000 \text{ m.}$$

d. h. der Mittelpunkt dieses Schieberkreises, für den Totpunkt, liegt in der Achse $O X$ selbst.

Nach diesen errechneten Werten sind die 5 Punkte C in Tafel IV, 3 aufgetragen. Die Diagramme zeigen, der Parabel entsprechend, veränderliches lineares Voreilen, die Veränderlichkeit ist aber nicht groß, wenn die Winkel β klein sind, d. h. die Exzenterstangen genügende Länge haben. In manchen Fällen ist diese Veränderlichkeit des Voreilens unschädlich, da das Voreilen wächst, wenn die Füllung abnimmt.

So beispielsweise bei der Lokomotivmaschine. Bei dieser ist, wenn sie anfährt, die Kulisse ganz ausgelegt, es herrscht Vollfüllung; während der Fahrt liegt sie in einer Zwischenstellung, dadurch aber wächst das Voreilen in erwünschter Weise.

Gekreuzte Stangen geben eine umgekehrt liegende Parabel (Fig. 44), der $\sphericalangle \beta$ ist bei ihnen negativ aufzutragen. Die resultierenden Hübe nehmen sehr schnell ab, das lineare Voreilen nimmt nach der Mittelstellung hin zugleich mit der Füllung ab. Die erste Eigenschaft ergibt zu kleine Schieberwege und eine schleichende Schieberbewegung, die zweite ungünstige Dampfverteilung. Im allgemeinen bieten gekreuzte Schieberstangen nur Nachteile, brauchbar werden sie in Spezialfällen, z. B. bei Walzenzug-Reversiermaschinen, wenn man die Mittelstellung zum Stillstand der Maschine benutzen will.

Ein nahezu konstantes lineares Voreilen läßt sich bei dieser Steuerung erzielen, indem man die Lage der Kurbel zu den Exzentern in der Weise ändert, daß man z. B. den Voreilungswinkel des Vorwärtsexzenters um einen gewissen Winkel γ größer, den des Rückwärtsexzenters um den selben Winkel kleiner macht. Im Diagramm wird man dieser Änderung durch Drehen der Koordinatenachsen um diesen selben Winkel gerecht. Die Folge dieser Unsymmetrie in der Exzenteraufkeilung für den Vorwärtsgang ist etwas kleinere Füllung, größere Kompression, größeres, aber nahezu konstantes lineares Voreilen, für den Rückwärtsgang größere Füllung, kleinere Kompression, kleineres und sehr variables lineares Voreilen (Fig. 45). Die Verbesserung in der Dampfverteilung ist auf Kosten des Rückwärtsganges erfolgt, indessen lassen sich durch kleine Änderungen an den Deckungen diese Ungleichheiten etwas mildern.

Mittels der Schieberdiagramme lassen sich alle diese recht verwickelten Verhältnisse leicht übersehen. Das Zeunersche Diagramm gibt in einfachster Weise für alle Kurbelstellungen auf einem Polstrahl alle Eröffnungen, während man diese beim Müllerschen Diagramm einzeln durch Winkelabtragen für jeden Kreis suchen muß. Anderseits stört beim ersteren das Übereinanderliegen der einzelnen Größen den Vergleich, was besonders

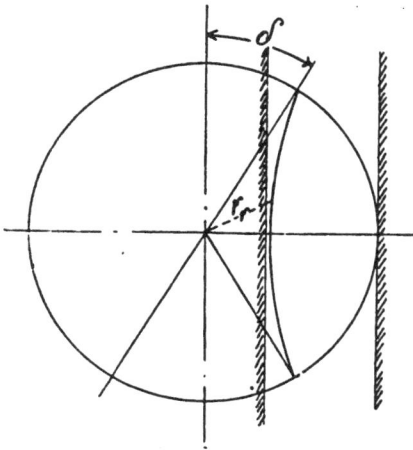

Fig. 44.

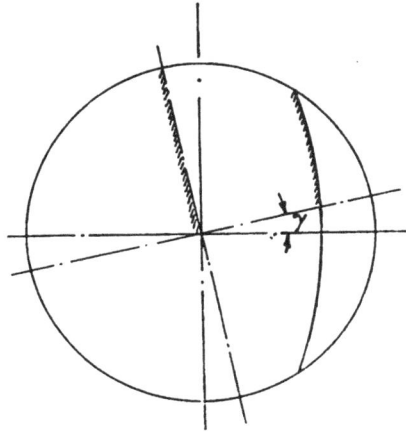

Fig. 45.

bei v_e ins Auge fällt. Die konzentrischen Kreise im Müllerschen Diagramm geben in dieser Hinsicht ein viel leichter zu überschauendes Bild. Der Hauptmangel des Zeunerschen Diagramms, die Ungenauigkeit bei der wichtigen Voreinströmung, tritt hier besonders stark hervor, weil die an sich schon flachen Schnitte noch dazu sehr dicht aneinander liegen. Die Schieberellipsen überragen beide an Klarheit; keine Hilfslinie stört die Figuren, die Kurven für die einzelnen Füllungsgrade geben ganz getrennt Eröffnung und Schluß der Kanäle wieder. Indessen ist die Mühe des Aufzeichnens unverhältnismäßig groß, und wenn das Resultat auch an Deutlichkeit nichts zu wünschen übrig läßt, so ist es an Genauigkeit, namentlich dem Müllerschen Diagramm, durchaus nicht überlegen. In den meisten Fällen, besonders wenn die Stangenlänge genügend groß ist, wird man sich mit diesem oder dem Zeunerschen, welches sich am schnellsten aufzeichnen läßt, in hinreichender Vergrößerung begnügen.

Einige Abarten der Stephensonschen Kulissensteuerung sind noch zu erwähnen, bei denen der schwerwiegendste Nachteil, das veränderliche lineare Voreilen, nicht auftritt bzw. stark gemildert ist. In der Umsteuerung von G o o c h, bei der nicht die Kulisse, sondern der Stein bewegt wird (Fig. 46),

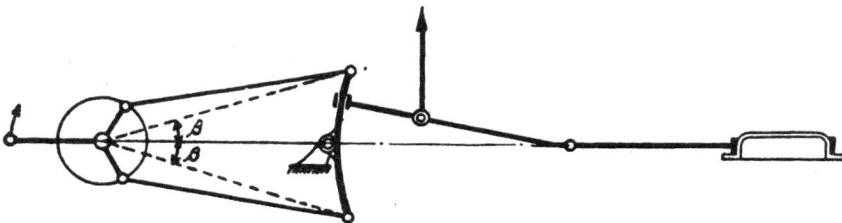

Fig. 46.

ist der Winkel β konstant, der Wert $\dfrac{r}{\cos \beta}$ also ebenfalls. Die Zentralkurve ist eine Gerade parallel zur Y-Achse, und das lineare Voreilen ist stets unveränderlich.

Die Steuerung ist weniger einfach als die Stephenson-Steuerung, sie braucht größere Längenausdehnung, die sie trotz des Vorteils eines konstanten linearen Voreilens für manche Zwecke, so beispielsweise für den Antrieb von Schiffsmaschinen, ungeeignet macht. Die Verstellbarkeit des Kulissensteins erfordert als neu hinzutretendes Element die Verbindung desselben mit der Schieberstange durch eine weitere Schubstange. Die Kulisse selbst ist schwingend aufgehängt oder in fester Gleitbahn geführt.

Bei der A l l a n - S t e u e r u n g (Fig. 47) wird sowohl Kulissenstein als auch Kulisse bewegt mittels eines doppelarmigen Hebels und daran angreifenden Hängestangen. Ihr Gestänge ist noch vielgliedriger als das der Gooch-Steuerung. Ein Vorteil ist, daß die Bewegung rascher erfolgt als

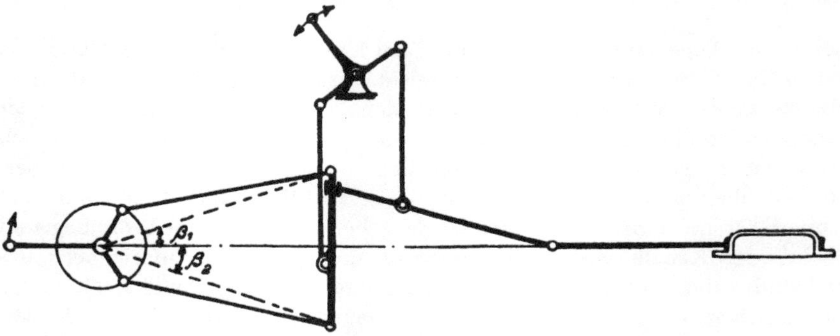

Fig. 47.

bei den beiden vorhergehenden Systemen, da Kulisse und Stein bei der Bewegung sich entgegenkommen. In der Mittelstellung arbeitet die Steuerung wie die Stephensonsche, bei voller Auslegung der Kulisse bleibt indessen immer noch ein Winkel β_1 von der Mittellinie aus übrig, da die Schieberstange der Kulisse in ihrem Wege entgegenkommt. Das Voreilen ist veränderlich, wie die Zentralkurve (Fig. 48) zeigt, aber nicht in dem Maße wie bei der Stephenson-Steuerung, nämlich um die durch den restierenden Winkel β_1 erhaltene konstante Größe E geringer. Überhaupt hat diese Steuerung alle Vor- und Nachteile der letzteren in geringerem Grade. Vorteilhaft ist der kurze Verschiebungsweg und die gerade Form der Kulisse, die eine billigere Herstellung ermöglicht, ein Nachteil ist aber, daß die Steuerung von der Welle bis zum Schieber nicht richtig geführt ist, sondern nur in den Gelenken der Hängestangen hängt.

Schon oben war erwähnt, daß es zur Erzielung der veränderlichen Expansion und der Umsteuerungswirkung nicht erforderlich ist, die zwei

notwendigen Bewegungen symmetrisch von einem Punkte abzuleiten, es
genügt, wenn man die einfache Exzenterbewegung mit einer anderen, von
irgendeinem Punkte des Kurbelmechanismus abgeleiteten Bewegung ver-

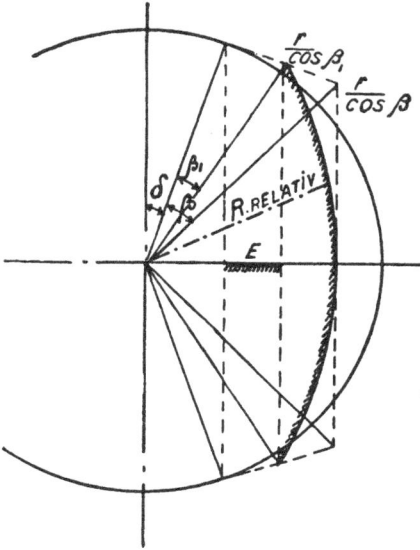

Fig. 48.

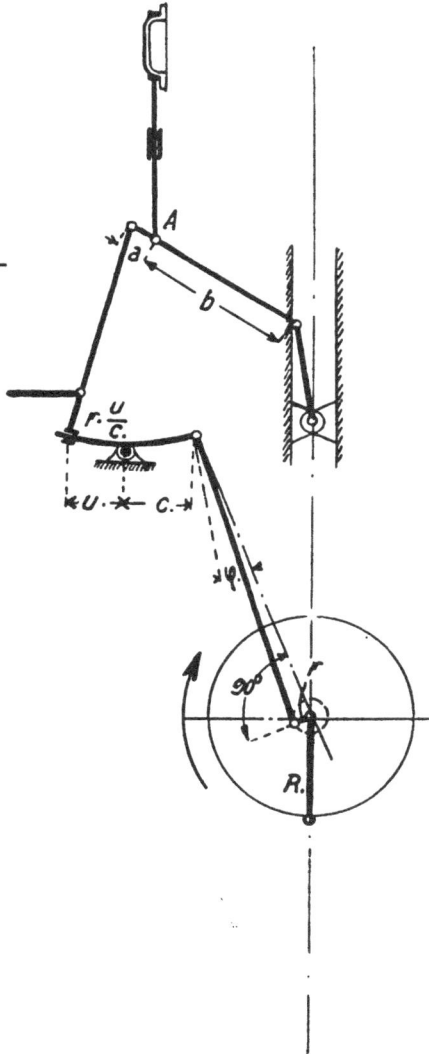

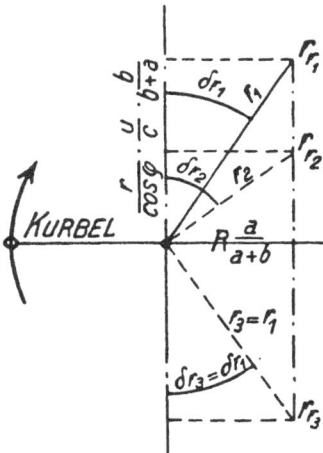

Fig. 50.   Fig. 49.

einigt. Eine derartige Steuerung ist die von Heusinger von Waldegg
in Fig. 49 schematisch für eine stehende Maschine dargestellt. Ein Exzenter,
von welchem der veränderliche Antrieb bewirkt wird, steht senkrecht zur

mittleren Exzenterstangenrichtung bei der Totlage der Kurbel und treibt eine Kulisse an, die lediglich als Übersetzungshebel dient. Die zweite, zur Erzielung veränderlicher Expansion erforderliche Bewegung wird vom Kreuzkopf abgeleitet. Statt in der Kulisse, wie bei den vorhergehenden Steuerungen, setzen sich die Bewegungen im Punkt A zusammen. Die Zentralkurve erhält man durch Zusammensetzung nach dem Parallelogrammgesetz. Die vom Kreuzkopf abgeleitete Bewegung ist konstant, und zwar gleich $R \cdot \dfrac{a}{a+b}$, die vom Exzenter ausgehende ist gleich $\dfrac{r}{\cos \varphi} \cdot \dfrac{u}{c} \cdot \dfrac{b}{b+a}$. Aus der Zusammensetzung (Fig. 50) ergibt sich das resultierende Exzenter R_r. Wegen der unveränderlichen Größe $R \dfrac{a}{a+b}$ liegen die Endpunkte aller resultierenden Exzenter auf einer Geraden, mithin ist bei dieser Steuerung das lineare Voreilen konstant.

Die Heusinger-Steuerung hat zwar einen vielgliedrigen Mechanismus, besitzt aber auch einige wichtige praktische Vorzüge vor den Zweiexzentersteuerungen. Sie läßt sich mit allen ihren Teilen in eine Ebene legen, was bei den letzteren durch die nebeneinander liegenden Exzenter nicht möglich war; ihre Kulisse hat einen festen Drehpunkt und ist gegen seitliche Schwankungen, die bei der Lagerung in Hängestangen stets vorkommen, geschützt.

c) Lenkersteuerungen.

Wie oben erwähnt erfüllt bereits bei der Heusinger-Steuerung die Kulisse ihren eigentlichen Zweck als Zusammensetzungsort der beiden Schieberantriebsbewegungen nicht mehr, sie dient lediglich als Übersetzungshebel für die durch sie veränderlich gemachte Exzenterbewegung. Bei den sog. Lenkersteuerungen ist die Kulisse überhaupt nicht mehr vorhanden. Die Bewegung des Schiebers geschieht von einem beliebigen Punkte der Exzenterstange, senkrecht zur mittleren Exzenterstangenrichtung aus (bei den Steuerungen von Marshall und Klug), oder wird von einem Punkte der Pleuelstange abgeleitet, so daß die Exzenter ganz wegfallen (bei der Steuerung von Joy). Die Veränderlichkeit der Expansion und die Umkehr der Bewegungsrichtung geschieht bei allen dreien durch eine Drehung der Führungsbahn der Exzenter- bzw. Bewegungsstange. Durch die Führung in Kurbelschleifenbahnen oder durch Lenker, die beide vorkommen, wird die zweite notwendige Bewegung erzeugt und mit der Exzenter- bzw. Pleuelstangenbewegung zusammengesetzt. Alle diese Steuerungen zeichnen sich durch Einfachheit und geringe Baulänge gegenüber den Kulissensteuerungen aus, ihr Verwendungsgebiet ist hauptsächlich die moderne stehende Schiffsmaschine. Wählt man die Abmessungen der Gestängeteile so, daß bei der Kurbeltotlage der geführte Punkt der Exzenter- oder Bewegungsstange mit dem Drehpunkt der Führungsbahn zusammenfällt, so übt eine Verstellung derselben alsdann für den Totpunkt keinen Einfluß auf die Schieberbewegung aus, d. h. das lineare Voreilen ist konstant oder kann in allen Fällen konstant gemacht werden.

Die Marshall-Steuerung (Fig. 51) hat ein Exzenter mit wagerechter Exzenterstange, die in ihrem Endpunkte durch Lenker bzw. Kurbelschleife geführt wird. Die Übertragung der Bewegung auf den Schieber findet von einer zwischen Kurbel und Führungspunkt liegenden Stelle aus durch Vermittlung einer Schubstange statt, die gelenkig mit der Schieberstange verbunden ist. Die Änderung der Neigung der Führungsbahn wird bei der Anordnung eines Lenkers in Fig. 51 dadurch bewirkt, daß dieser mit seinem Endpunkte an einem drehbar eingerichteten Rahmen hängt. Der Drehpunkt dieses Rahmens befindet sich in gleicher Höhe mit der Kurbelwelle im Punkte D und in einer so bemessenen Lage, daß bei der Totlage der Exzenterstangenendpunkt mit diesem Drehpunkte zusammenfällt. Dadurch wird, wie vorhin ausgeführt, konstantes lineares Voreilen bewirkt. Durch Drehung des Rahmens um den Punkt D wird Veränderlichkeit in der Füllung und, wenn er über die Mittellage hinaus bewegt wird, Umkehrung der Bewegung hervorgerufen.

Die Klug-Steuerung ist mit der von Marshal sehr nahe verwandt. Im Prinzip stimmen beide Steuerungen überein; bei der Klug'schen befindet sich der Angriffspunkt der Schieberschubstange außerhalb des Drehpunktes D (Fig. 52).

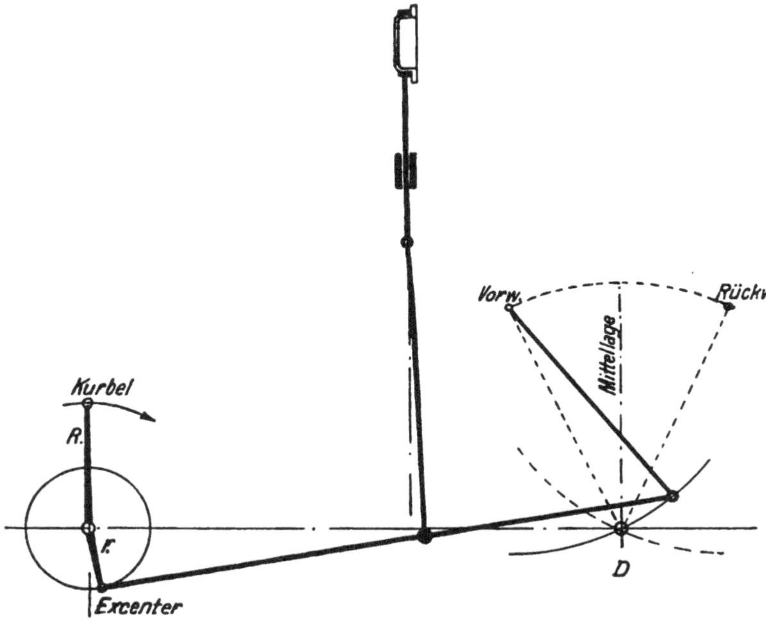

Fig. 51.

Die Erzielung eines genügenden Schieberhubs macht bei beiden
Steuerungsarten sehr große Exzentrizitäten notwendig, namentlich, infolge
der Art der Übersetzung, bei der Marshall-Steuerung. Bei der Joy-Steue-
rung (Fig. 53) ist das Exzenter ganz vermieden, die Steuerbewegung wird,
wie oben schon erwähnt, von der Pleuelstange abgeleitet. Diese trägt in
einem Punkte A einen Zapfen, der einen elliptischen Weg beschreibt. An
diesen ist unmittelbar oder durch Vermittlung eines Ellipsenlenkers die
Stange BCD angeschlossen, die genau der Exzenterstange der Klug-Steue-

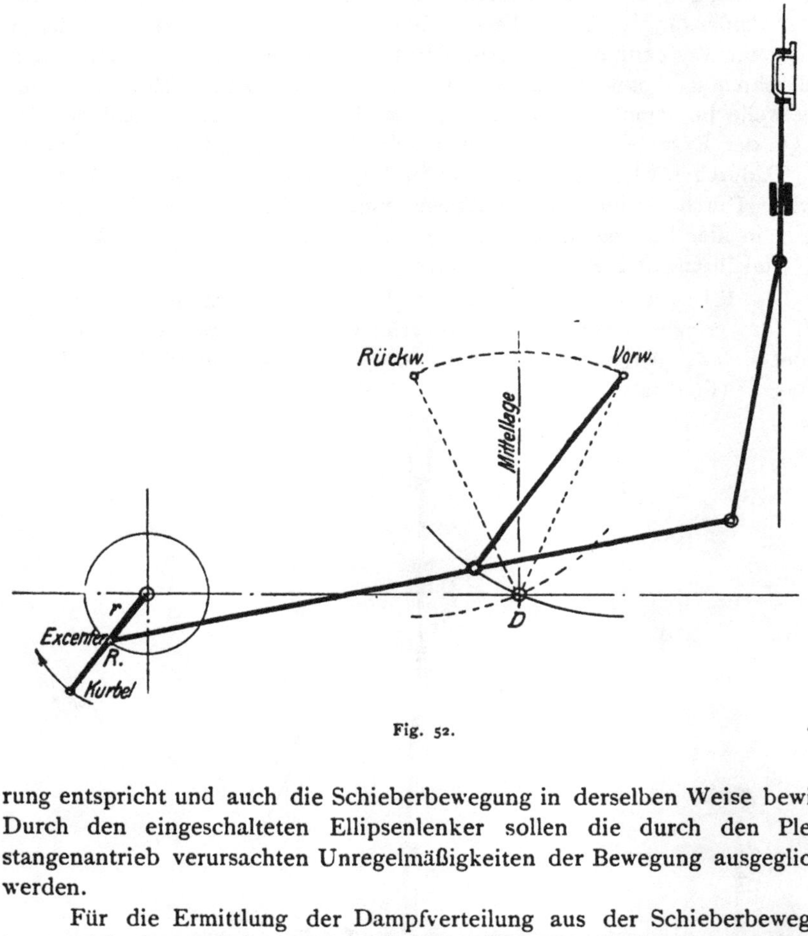

Fig. 52.

rung entspricht und auch die Schieberbewegung in derselben Weise bewirkt.
Durch den eingeschalteten Ellipsenlenker sollen die durch den Pleuel-
stangenantrieb verursachten Unregelmäßigkeiten der Bewegung ausgeglichen
werden.

Für die Ermittlung der Dampfverteilung aus der Schieberbewegung
lassen sich in ähnlicher Weise wie bei den Kulissensteuerungen auch bei
den Lenkersteuerungen alle drei im vorhergehenden besprochenen Diagramme verwenden. Handelt es sich um eine angenäherte Ermittlung der
Steuerwirkung, so sind die Müllerschen sowohl wie die Zeunerschen, ihrer

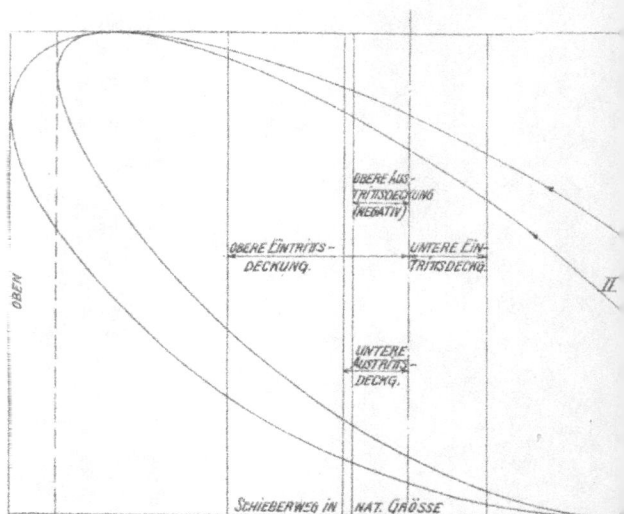

OBERE AUS-
TRITTSDECKUNG
(NEGATIV)

OBERE EINTRITTS-
DECKUNG.

UNTERE EIN-
TRITTSDECKG.

II.

OBEN

UNTERE
AUSTRITTS-
DECKG.

SCHIEBERWEG IN NAT. GRÖSSE

Fig

SCHIEBERDIAGRAMM FÜR VORWÄRTSGANG

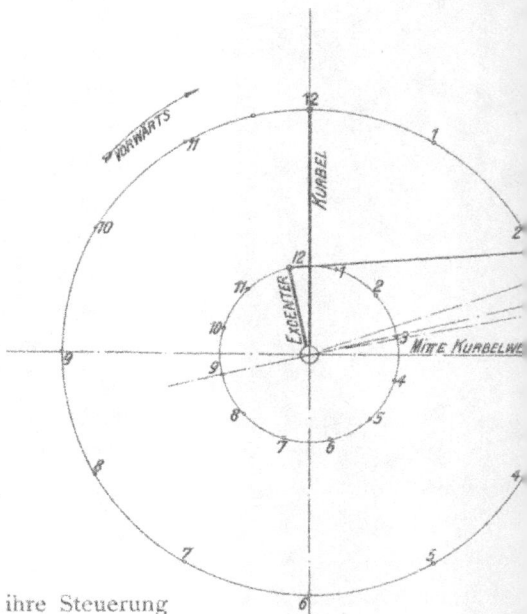

VORWÄRTS

12

11

1

KURBEL

10

12

11

2

EXCENTER

3

MITTE KURBELWE

9

9

4

10

8

3

5

8

7

6

4

7

5

6

SCHIEBERWEG

OBEN

KOLBENWEG 1:5

UNTEN

UNTEN

RÜCKW.

VORWÄRTS

RÜCKWÄRTS

VORW.

II.

FIG. 1.

STEUERUNGS-SCHEMA 1 : 5

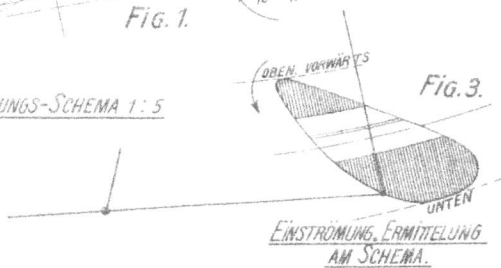

OBEN. VORWÄRTS

FIG. 3.

UNTEN

EINSTRÖMUNG. ERMITTELUNG
AM SCHEMA.

Verlag von R. Oldenbourg, München u. Berlin.

leichten Aufzeichnung halber, am Platze und lassen sich ähnlich, wie auf Tafel IV für die Stephenson-Steuerung gezeigt ist, aufzeichnen. Der sehr komplizierten Bewegungsverhältnisse halber sind jedoch die Resultate nur sehr grobe Annäherungswerte. Einwandfrei ist eigentlich nur die Aufzeichnung der Diagramme nach Art der Schieberellipse. Hierbei trägt man allen vorkommenden Verhältnissen Rechnung und kann ein genaues Bild der Schieberbewegung erzielen. Tafel V zeigt ein solches Diagramm für die Klug-Steuerung durchgeführt. Zu seiner Aufzeichnung ist zunächst eine genaue Ermittlung der Bewegungsvorgänge im Antriebsgestänge, die sich auch sehr bequem am Modell darstellen und verfolgen lassen, erforderlich. Sie ist in Fig. 1, Tafel V durchgeführt. Fig. 2 zeigt das Ellipsendiagramm, wobei der Schieberweg in seiner wirklichen Größe dargestellt ist, der Kolbenweg indes verzerrt, im Maßstab 1:5. Auch am Steuerschema selbst läßt sich die Dampfverteilung in sehr einfacher Weise darstellen (Fig. 3).

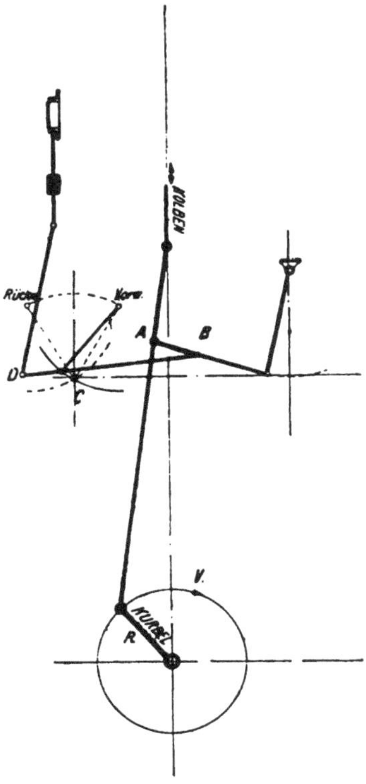

Einige Eigenschaften, die allen Kulissen- und Lenkersteuerungen gemeinsam sind, lassen sich noch gleichmäßig den Diagrammen entnehmen.

Der Dampfkanal ist nur bei vollkommen ausgelegter Kulisse, bzw. ausgelegtem Lenker, ganz geöffnet, bei allen Zwischenstellungen wird er nur teilweise offen gehalten, es ist deshalb von Wichtigkeit, die Kanäle möglichst schmal und lang zu gestalten.

Je höher die Expansion hinaufgetrieben wird, um so früher beginnen Kompression und Dampfeintritt auf der Gegenseite.

Fig. 53.

Eine eigentümliche Dampfverteilung findet in der Mittelstellung von Kulisse und Lenkerbogen statt. Die Kompression beginnt schon, ehe sich der Kolben in der Hubmitte befindet, und kurz darauf beginnt auch schon der Dampfaustritt auf der Gegenseite, wenn überhaupt eine Bewegung der Maschine vorhanden ist. Die Dampfwirkung ist hier so unzweckmäßig, daß sie selbst keine Bewegung des Triebwerks mehr hervorruft. Die Schieberellipse zeigt dies am deutlichsten, in der Mittellage schrumpft sie zu einer Geraden zusammen.

d) Doppelschiebersteuerungen.

Mit diesen beiden hier behandelten Arten der Erzielung veränderlicher Expansion durch den einfachen Muschelschieber, mit der Verwendung des Achsregulators auf verschiebbarem Doppelexzenter und mit der Verwendung von Kulissen- und Lenkersteuerungen ist sein Anwendungsgebiet im allgemeinen erschöpft. Der Achsregulator bietet zudem bei obiger Anordnung, wie erwähnt, nur mäßige Grenzen für die Füllungsänderung, und die Kulissen- und Lenkersteuerungen haben zwar ihr bestimmtes und großes Gebiet, reichen aber auch in vielen vorkommenden Fällen, namentlich dann, wenn eine Beeinflussung vom Regulator verlangt wird, nicht aus. Denn eine solche läßt sich wegen der Größe des Verschiebungswiderstandes nur in den allerseltensten Fällen herstellen. Diese Anforderung ergibt zuerst die Notwendigkeit, vom einfachen Muschelschieber abzugehen und für die veränderliche Expansion ein besonderes Steuerungsorgan einzuführen, das mit ihm in Verbindung steht und die Dampfzuströmung zu ihm einleitet und regelt. Hierin liegt das Prinzip der sog. Doppelschiebersteuerungen, deren Entwicklungsgang etwa in folgender Weise stattgefunden hat.

Bei der eben gekennzeichneten Wirkungsweise bleibt dem eigentlichen Dampfverteilungsschieber die ganze Ausströmung und der erste Teil der Dampfeinströmung überlassen. Er kann darum ohne weiteres als gewöhnlicher Muschelschieber ausgebildet werden, und es handelt sich alsdann nur noch um eine Vorrichtung, welche den Abschluß des einströmenden Dampfes zur verlangten Zeit ermöglicht. Zunächst ist dazu ein sog. Expansionsventil benutzt worden, welches durch eine Unrundscheibe, an die ein Regulator angreifen konnte, gesteuert wurde (Fig. 54). Die Anforderungen sind primitiv, daher arbeitet eine solche Steuerung sehr gut; es ist nämlich nur nötig, daß das Ventil nicht eher wieder öffnet, als der eigentliche Schieber, der Grundschieber, abgesperrt hat. Im entgegengesetzten Falle würde eine Nachfüllung eintreten, deren Schädlichkeit durch das Indikatordiagramm veranschaulicht wird (Fig. 55). Die Expansionslinie zeigt in solchem Falle einen Buckel, der nur einen geringen Arbeitsgewinn darstellt, während dafür das ganze Zylindervolumen mit frischem Dampfe aufgefüllt werden muß.

Die Winkeldrehung, in welcher das Expansionsventil geöffnet werden darf, gibt der sog. Expansionswinkel β (Fig. 56) an. Die Art der Öffnung ist gleichgültig, es lassen sich ohne weiteres sehr große Öffnungen erzielen.

Das Expansionsventil ist alsdann durch einen Expansionsschieber ersetzt worden, der auf einem besonderen Schieberspiegel sich bewegte und in ähnlicher Weise vom Regulator beeinflußt werden konnte. Die Anforderungen sind die gleichen geblieben, nämlich:

Öffnung vor Beginn des Hubes und rechtzeitiger Schluß. A_a und B_b in Fig. 57 stellen die zweiseitig symmetrischen Steuerkanten vor. Als

Nachteil hierbei ist hervorzuheben, daß das Antriebsexzenter in der Mittellage senkrecht steht, der Schieber also seine größte Geschwindigkeit hat,
wenn er deckt, die kleinste, wenn er öffnet. Eine Umkehrung dieses Um-

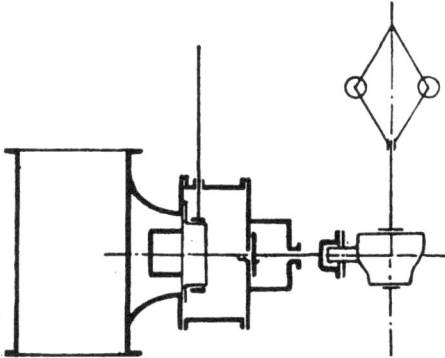

Fig. 54.

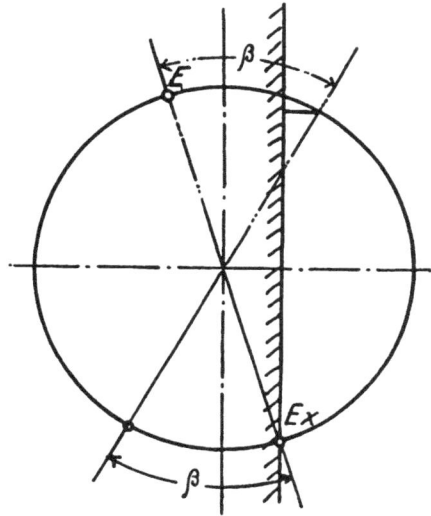

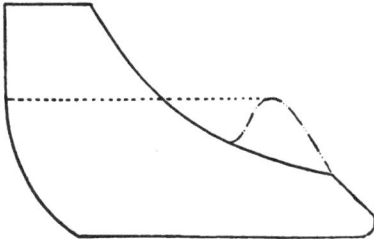

. Fig. 55.   Fig. 56.

standes ist bei weitem vorteilhafter. Man erreicht sie durch Teilung des
Schiebers in zwei miteinander fest verbundene Lappen, dabei steuern
nicht mehr die Außenkanten, sondern die Innenkanten. Ein solcher Schieber
gibt in seiner Mittellage rasche Eröffnungen und später langsamen Schluß

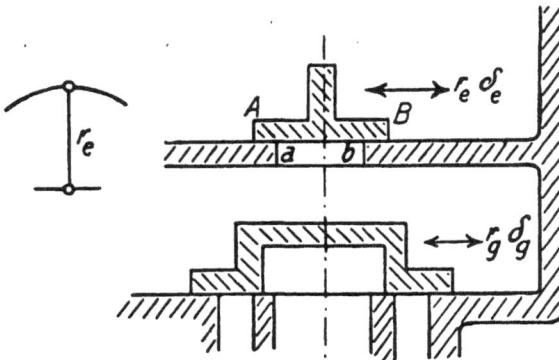

Fig. 57.

des Kanals zum Grundschieber (Fig. 58). Durch eine konstruktive Änderung der beiden steuernden Kanten aus festen in gegeneinander verschieb-

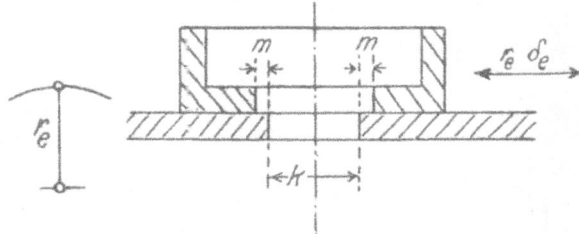

Fig. 58.

liche schafft man weiterhin ein neues Element in der Dampfverteilung. Der
Antrieb des Expansionsschiebers bleibt auch jetzt noch unverändert (r_e und d_e),
aber die Entfernung m der Steuerkanten voneinander wird veränderlich
gemacht und damit auch der Eintritt der Expansion: Je größer m ist, um
so später tritt dieselbe ein, je kleiner,
um so früher, bis zur Nullfüllung.
Dies Prinzip zeichnet sich vor dem
aller anderen Expansionssteuerungen
durch seine Einfachheit aus.

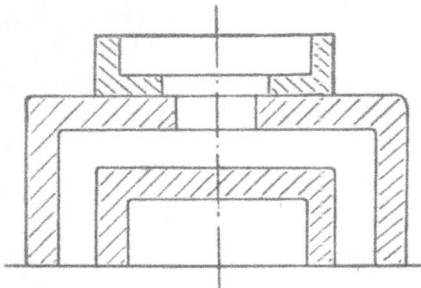

Fig. 59.

Statt der zwei getrennten Kam-
mern und Schieberspiegel kann man
nun auch den Rücken des Grundschiebers als Schieberspiegel für den
Expansionsschieber ausbilden, dadurch wird der schädliche Raum erheblich verkleinert (Fig. 59). Auf das
geringste Maß herabgedrückt werden kann er des weiteren durch Trennung
der Eintrittskanäle. Für jeden Kanal ist alsdann ein Spaltschieber vorhanden, der nach wie vor mit den Innenkanten steuert. (Fig. 60.)

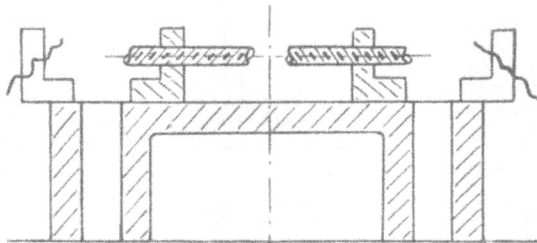

Fig. 60.

Für den Dampfabschluß kommen in diesem Falle nur die Kanten A_a
und B_b in Betracht, die zweite Schieberhälfte auf jeder Seite wird über-

flüssig. Verbindet man die beiden inneren Lappen nun durch eine Schraubenspindel mit Rechts- und Linksgewinde zur Erzeugung gleicher Einstellung, so entsteht die D o p p e l s c h i e b e r s t e u e r u n g v o n M e y e r. Tafel VI, Fig. 8.

Der vorher feste Spiegel des Expansionsschiebers ist indes jetzt beweglich geworden; durch diese Änderung in den Bewegungsverhältnissen gestaltet sich auch seine Wirkung anders. Zur genauen Ermittelung derselben ist es nötig, die resultierende Bewegung zu suchen. Nach dem Gesetz der relativen Bewegungen ergeben zwei Bewegungen, von denen jede ein Kreis ist, wiederum einen Kreis. Zunächst bringe man also den Grundschieber mit dem Expansionsschieberspiegel zur relativen Ruhe durch Hinzufügung einer Kreisbewegung — r_g, d_g. Demnach sind zusammenzusetzen:

$$1. \ r_e \ d_e,$$
$$2. \ - \ r_g \ d_g;$$

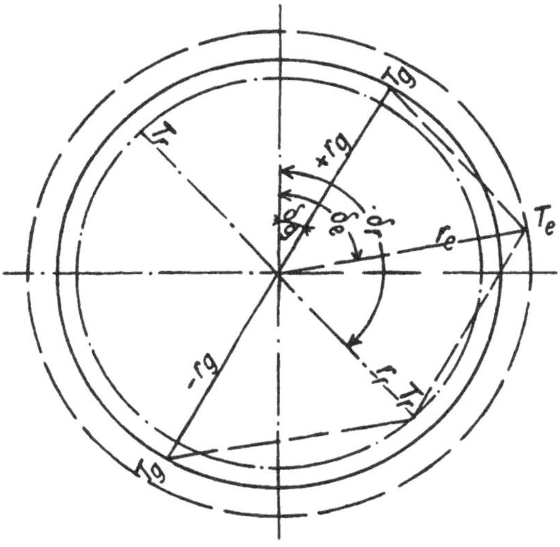

Fig. 61.

daraus resultiert $r_r \ d_r$ (Fig. 61), während der Grundschieber relativ ruhig bleibt. Vom wirklichen Vorgang ist nun ganz abzusehen, das Relativexzenter $r_r \ d_r$ treibt die Expansionsplatten direkt an. Die Projektion auf die relative Schieberschubrichtung gibt dann direkt die Verschiebung des Expansionsschiebermittels gegen das Grundschiebermittel. Die Stellung, in der beide Mittel zusammenfallen, wird nach Seemann die G l e i c h l a g e - s t e l l u n g genannt. (Tafel VI, Fig 4.) Es liegt Kreisbewegung vor, mithin lassen sich alle drei Arten des Schieberdiagramms anwenden. Zunächst möge der wirkliche Vorgang an der Hand des Müllerschen Diagramms betrachtet werden. (Tafel VI, Fig. 1) und Fig. 62.

Wäre der Voreilwinkel $d_r = 90^0$ gewählt, so könnte man die ganze Kreishälfte zur Schließung ausnutzen. Nullfüllung würde dann folgen, wenn beim Hubbeginn die Steuerkanten sich bereits deckten, Füllungsmaximum würde eintreten, wenn der Expansionsschieber zugleich mit dem Verteilungsschieber abschlösse. Mit dieser Steuerung lassen sich alle Grenzen der Expansion erreichen, wenn man nur für hinreichend große Verschiebungen Sorge trägt.

Das Müllersche Schieberdiagramm für die Meyer-Steuerung besteht aus zwei einfachen, übereinandergezeichneten Diagrammen. Der Kreis mit r_g als Radius ist das Grundschieber-, der mit r_r das Relativschieberdiagramm. Das Expansionsschieberdiagramm ist zunächst nebensächlich und

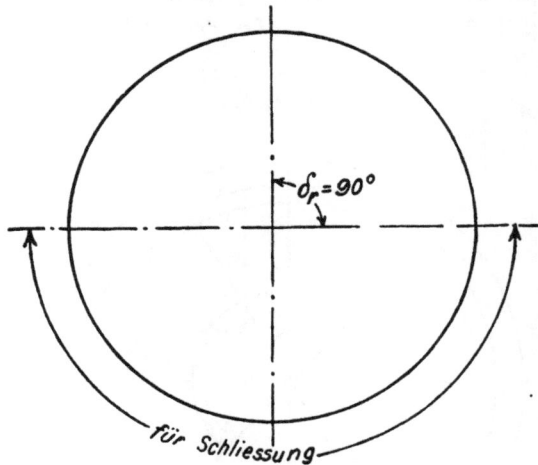

Fig. 62.

scheidet vorläufig noch aus; man nimmt stets die gewünschte Relativbewegung an, daraus ergibt sich dann das Expansionsexzenter. Nur wenn es, beispielsweise für $d_r = 90^0$, zu groß wird, sind Korrektionen nötig. Gleiche Exzenter für den Grund- und Expansionsschieber als Forderung aufzustellen, ist falsch, denn daraus folgen zu kleine Relativbewegungen mit schlechten Eröffnungen; $d_r = 90^0$ gibt zwar die größten Füllungsgrenzen, aber die beiderseitigen Endbewegungen sind schlecht. Wenn man sich die äußerste Kanalkante in fester Verbindung mit der Relativkurbel vorstellt, so geben die Entfernungen zwischen dem Relativkreis und dieser Kante direkt die Eröffnungen, und es zeigt sich (Fig. 63), daß an den Enden große Drehwinkel nur kleine Eröffnungen geben. Der ganze Schluß des Kanals geht schleichend vor sich. Ferner auch wird r_e für den Wert $d_r = 90^0$ zu groß. Daher verzichtet man in den meisten Fällen auf eine Ausnutzung des vollen Halbkreises und verbessert die Steuerung durch Vergrößerung des Voreilwinkels (Fig. 64). Dadurch verliert man aller dings den Winkel $R\,m\,O\,T_r$, der gleichzeitig auch eine gewisse Gefahr der Nachfüllung mit sich bringt.

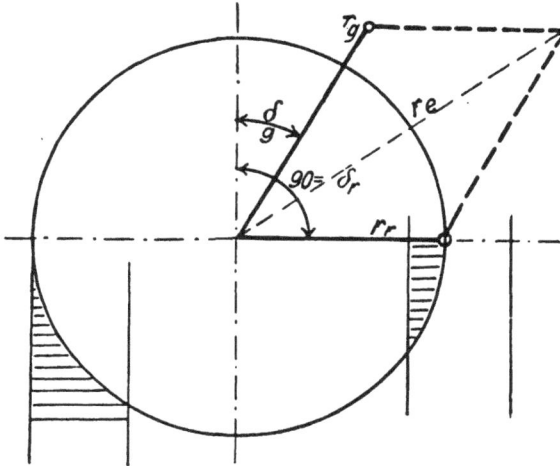

Fig. 63.

Im Diagramm Tafel VI, 1 ist zu beachten, daß die Kolbenstellung für jeden Kreis eine andere ist:

für den Grundkreis $T_g - T_g$,
   Expansionskreis $T_e - T_e$,
   Relativkreis $T_r - T_r$.

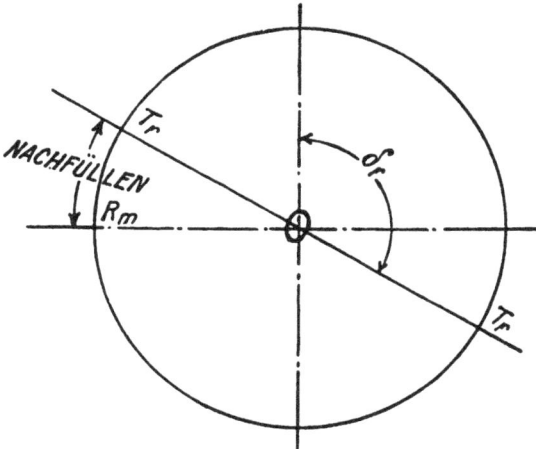

Fig. 64.

Ferner ändert sich auch jedesmal der Maßstab des betr. Diagramms.

Über die Schnelligkeit des Schlusses geben die Schieberabschlußkurven ein genaues Bild, indessen ist es zur vorläufigen Beurteilung des

4*

Steuerungsentwurfes nicht notwendig, sie aufzutragen, weil, wie schon erwähnt, auch die Entfernungen zwischen Abschlußkante und Relativkreis ein richtiges Urteil über die Art der Schließbewegung zulassen.

Es sind nunmehr noch die Verschiebungen der Expansionsschieberlappen zu betrachten. Es sollen alle Füllungsgrade von Null bis zur Füllung des Verteilungsschiebers als Maximum erreicht werden können. Die notwendige Gesamtverschiebung ist alsdann durch s gegeben.

. Geht man von der Expansion in der Gleichlage (Tafel VI, 5) aus, so findet diese nach der Definition statt, wenn die Entfernung der Schiebermittel voneinander gleich Null ist. Da sich die Relativkurbel nun nach beiden Seiten symmetrisch bewegt, so muß sie in der Mitte stehen, in der Lage $OR \perp OX$ (Tafel VI, 1). Für jeden anderen Expansionsgrad müssen die Lappen verstellt werden, und zwar ihre Entfernung voneinander verlängert, wenn die Füllung kleiner, verkürzt, wenn sie größer werden soll. Für kleinere Füllung steht die Relativkurbel rechts von OY, im anderen Falle links, folglich stellen die Strecken rechts $(+y)$ Verlängerungen, die links $(-y)$ Verkürzungen vor.

Über das Wiedereröffnen gibt Fig. 1, Tafel VI in folgender Weise Aufschluß: Bei der schwächsten Expansion, dem Hauptschieber entsprechend, öffnet der Expansionsschieber im Moment des Abschlusses sofort wieder. Da die Kolbenweglinie $Tr - Tr$ unverändert bleibt, so treffen in dem behandelten Beispiele bei den höheren Expansionsgraden die Punkte der Wiedereröffnung hinter die Expansionsstellung des Grundschiebers, mithin erfolgt die Wiedereröffnung niemals zu früh.

Die Konstruktion der Schließungskurven, in Fig. 1, Tafel VI für 0,4 der Füllung und maximale Füllung gezeichnet, geschieht durch Übertragung der einzelnen Kurbelstellungen samt den zugehörigen Eröffnungen des Durchgangskanals in den Grundschieberkreis, indem der Winkel zwischen der jeweiligen Kurbelstellung R und der Totlage Tr von der Totlage Tg aus abgetragen wird. Sie zeigen durch ihren Verlauf die Raschheit der Schließbewegung an. Bei 0,4 schließt der Schieber am schnellsten, denn die Relativkurbel geht durch die Mitte. Die Kurven zeigen ferner, daß der Durchgangskanal nicht einmal beim Maximum ganz offen ist.

Die Schieberlängen bestimmen sich aus dem Diagramm. Bei der Expansion in der Gleichlage ist die größte relative Überdeckung (das absolute Maximum) gleich:

$$r_r - m_{\min} \text{ (Tafel VI, 6)}.$$

In dieser Stellung muß der Expansionsschieberlappen noch dampfdicht decken um die Größe σ. Daraus folgt die Bestimmung der Lappenlänge:

$$l = r_r - m_{\min} + \sigma.$$

Die Dimension $L = L_1 - k$ (Tafel VI, 1 u. 5) bestimmt die Länge des Verteilungsschiebers. Sie geht daraus hervor, daß von der Expansion

Fig. 1.

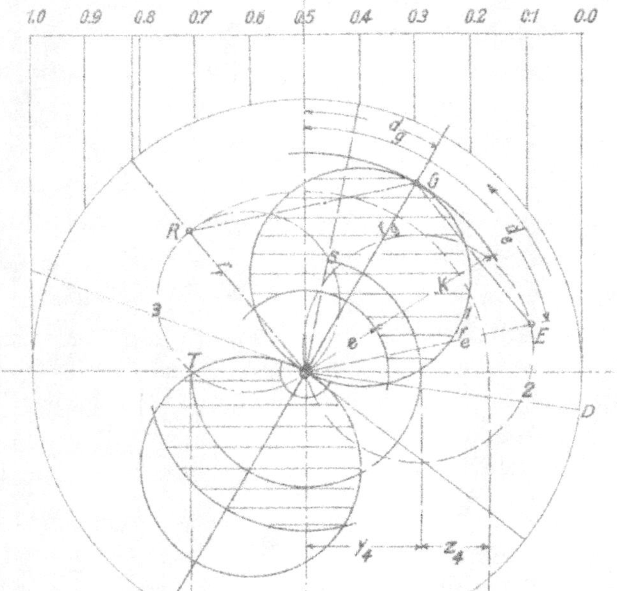

Doppelschiebers

VERLÄNGERUNGEN   VERKÜRZUNGEN

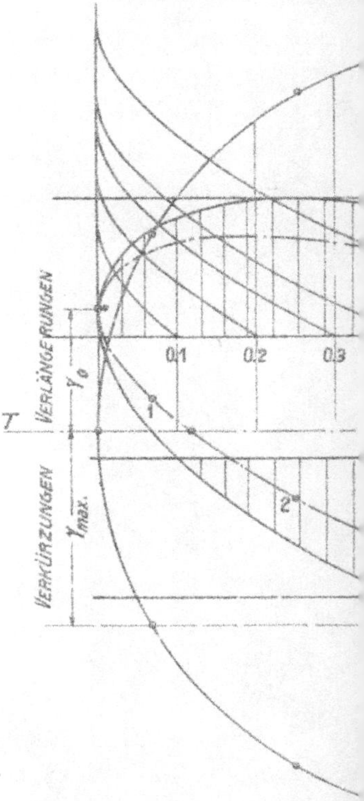

GLEICHLAGE.

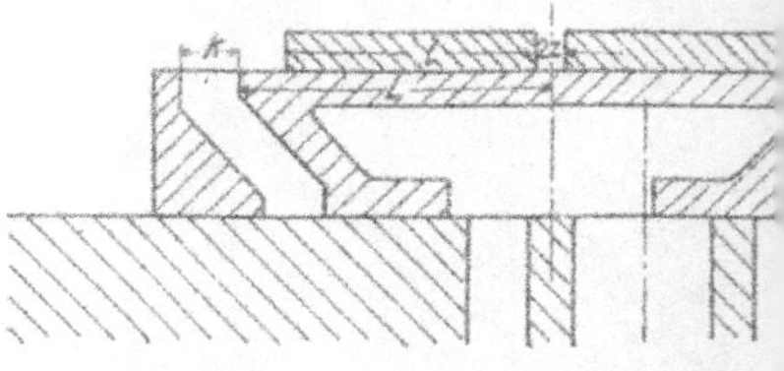

GRÖSSTE RELATIVE ÜBERD

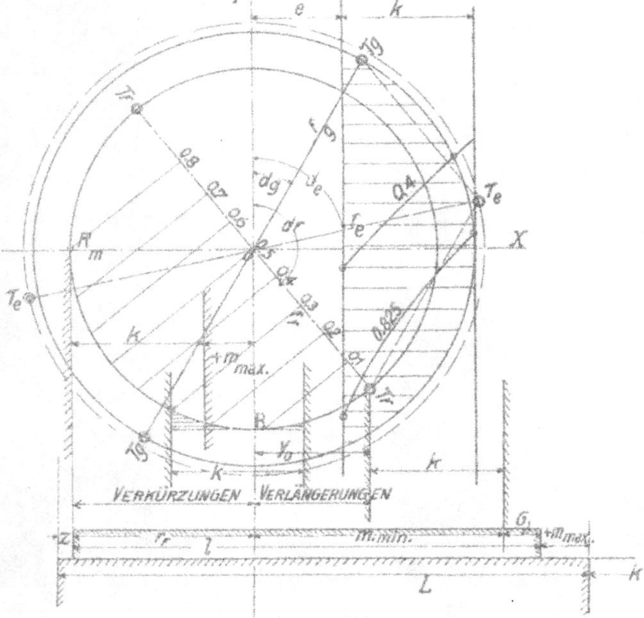

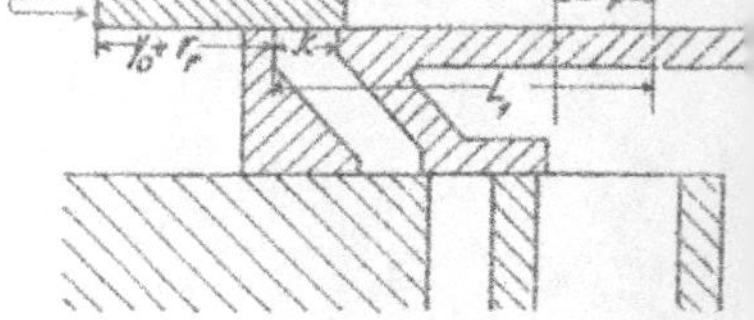

VERKÜRZUNGEN   VERLÄNGERUNGEN

Fig. 3.

VERLÄNGERUNGEN   VERKÜRZUNGEN.
y_0 y_{max}.

Dannenbaum, Die Dampfmaschine und ihre Steuerung

Fig.2.

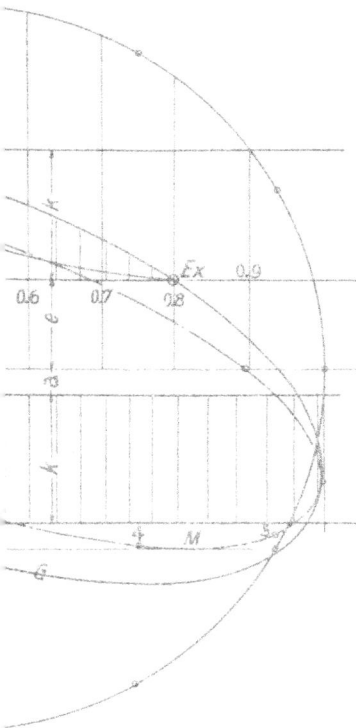

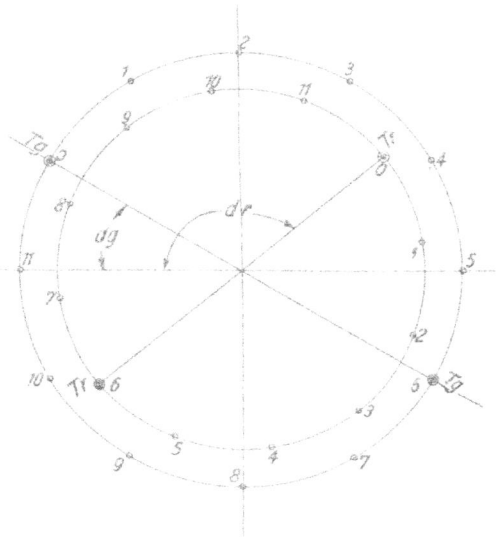

4-7.

EXPANSION IN D. GLEICHLAGE.

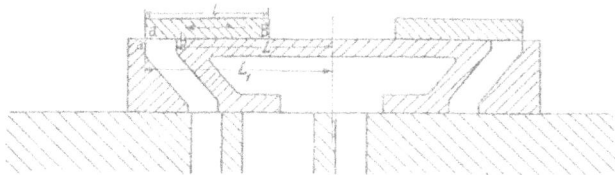

BEGINN DES WIEDERÖFFNENS.

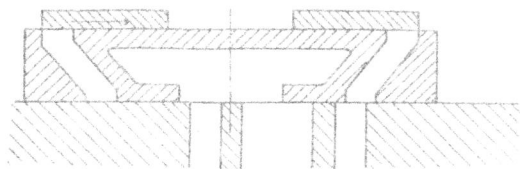

FIG. 8.

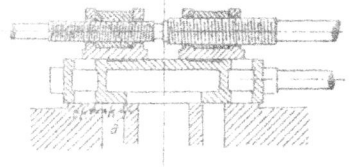

Verlag von R. Oldenbourg, München u. Berlin.

in der Gleichlage bis zum Füllungsmaximum die Kante B der Schiebermitte um r_r zu nähern ist. Soll in dieser engsten Lage zwischen den Expansionsplatten noch die Entfernung z_ε bestehen, so wird

$$L_1 = l + r_r + z,$$
$$r_r = k + m_{max},$$
$$L = L_1 - k,$$
$$\text{also } L = l + m_{max} + z \text{ (Tafel VI, 1).}$$

Ebenso übersichtlich ergibt das Zeunersche Diagramm die Resultate. Die Unbequemlichkeit der Projektion auf die verschiedenen Kolbenweglinien fällt zudem hierbei fort. Es bezeichne:

r_g den Radius des Verteilungs- oder Grundschieberexzenters,

r_e den des Expansionsexzenters,

r_r den des Relativexzenters,

die im Diagramm den Durchmessern der Kreise entsprechen. Die Sehnen des Schieberkreises (1) geben die Entfernungen des Grundschiebermittels von der Mitte des Schieberspiegels, die Sehnen des Schieberkreises (2) die Entfernungen des Expansionsschiebermittels von der Mitte des Schieberspiegels, endlich die Sehnen des Schieberkreises (3) die Entfernung der beiden Schiebermittel unter sich. Dem umgekehrten Drehungssinn des Diagramms zufolge liegen hier die Verlängerungen links, die Verkürzungen rechts. OD entspricht dem Füllungsmaximum. Über das Eintreten der Wiedereröffnung entscheiden die Schnittpunkte der den Füllungen entsprechenden Kreise, z. B. 0,4 mit dem Relativkreise. S gibt den Eintritt der Expansion, T die Wiedereröffnung an. Da OD der Expansion des Grundschiebers entspricht, so erfolgt die Wiedereröffnung nicht zu früh. Dasselbe folgt für alle anderen Phasen.

Über die Art der Schließbewegung gibt das Auftreffen der jeweiligen Füllungskreise auf den Relativkreis Aufschluß. Der Schluß wird um so schleichender, je größer y wird. Hat man mehrere Expansionsgrade zu untersuchen, so leidet die Übersichtlichkeit des Diagramms durch die Überdeckung der einzelnen Kreise.

z stellt die Entfernung der Expansionslappen dar (Tafel VI, 3).

Vollständige Klarheit über die Steuerung würden erst die Schiebereröffnungslinien ergeben, die man aus dem Müllerschen oder Zeunerschen Diagramm ohne weiteres sich konstruieren kann. Das ist aber gleichbedeutend mit der Konstruktion der Schieberellipse, die bei der Meyer-Steuerung alle Vorzüge beider Diagramme direkt mit der Wiedergabe der Eröffnungslinien verbindet.

In Fig. 2, Tafel VI ist die Grundschieberellipse voll ausgezogen (G), die Relativschieberellipse strichpunktiert (R); in bezug auf die letztere ergibt sich daraus:

Die Schnittpunkte von R mit der x-Achse geben jene Kolbenstellungen an, bei welchen die Schiebermittel zusammenfallen, entsprechend der Stellung

OR im Müllerschen Diagramm. Die Entfernung der Schiebermittel ist Null, und die Deckung des Expansionsschiebers muß auch gleich Null werden, wenn Expansion in dieser Stellung eintreten soll. Weiter folgt, daß z. B. für Nullfüllung eine Deckung ($+y_0$) vorhanden sein muß, denn in diesem Falle müßte im Punkte Null, wo der Kolben seinen Lauf beginnt, die Expansionskante bereits abschneiden. Also, da die Verschiebung beider Exzenter gegeneinander für diese Stellung gleich y_0 ist, muß auch eine Deckung (y_0) bestehen. Ebenso findet man für maximale Füllung ($-y_{max}$) als Deckung, entsprechend der Verkürzung. Es ist daher für eine von Null bis zum Maximum veränderliche Füllung in den Kantenverschiebungen zugleich auch die Expansionsschiebereröffnung gegeben. Um die resultierende Eröffnung zu finden, hat man die Relativellipse in die den betreffenden Füllungsgraden entsprechenden Lagen zu bringen (kann am einfachsten durch Überzeichnen auf Pauspapier bewerkstelligt werden). In Fig. 2 sind diese eingezeichnet für Füllungen von 0—0,4 und für das Maximum. Daraus ist deutlich Öffnung und Schluß für jede Lage zu ersehen. Vollständige Kanaleröffnungen existieren selbst beim Maximum nicht, während sich hierbei der Abschluß über 0,6 des Kolbenweges erstreckt und durch den flachen Winkel, mit dem die Kurve auftrifft, auf starke Drosselung schließen läßt.

Auf Tafel VI stellen die Fig. 4—11 einen Schieber mit herausgezogenen Kanälen für Füllungen von 0—0,8 dar, Fig. 8 einen Schieber mit geraden Kanälen mit Füllungen von 0,05—0,4. Der obere Spiegel bietet dabei für die Expansionsplatten überschüssig Platz.

Die Veränderung der Lage der Expansionsplatten zueinander muß bei der angedeuteten Konstruktion stets von Hand erfolgen. Um auch hierbei ein Eingreifen durch einen Regulator erzielen zu können, sind konstruktive Abänderungen des Meyer-Schiebers erforderlich, die indessen an dem eigentlichen Wesen desselben und der Dampfverteilung nichts ändern. Die einfachste derselben ist im Prinzip in Fig. 65 dargestellt, erfordert in-

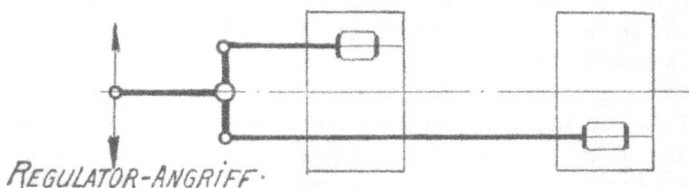

Fig. 65.

dessen einen Regulator mit großer Triebkraft. Sehr viel angewendet, namentlich bei mittleren und kleineren Dampfmaschinen, wird die Rider-Steuerung, bei der die Kanäle auf dem Grundschieberrücken schräg liegen und eine Querverstellung der Expansionslappen, die jetzt fest miteinander verbunden sind, in der in Fig. 66 angedeuteten Weise die Veränderlichkeit der Expansion herbeiführt. Dies erfordert allerdings einen etwas größeren

Schieberkasten. Vereinfacht wird die Steuerung, wenn man sie zylindrisch, in halbrunder oder ganz kolbenschieberartig geschlossener Form ausführt. Die Verschiebungsbewegung des Regulators besteht alsdann in einer Drehung

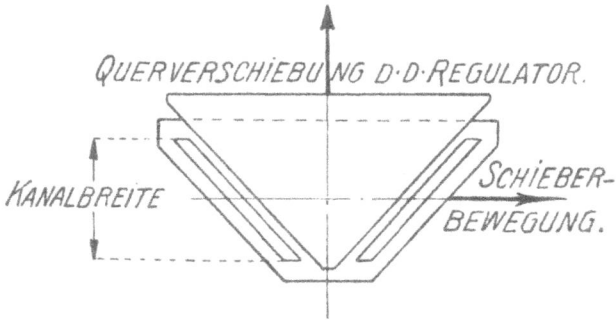

Fig. 66.

der Expansionsschieberstange, auf der der Angriffshebel, in einer langen Keilnut oder einem als Vierkant ausgebildeten Teile gleitend, sitzt (Fig. 67).

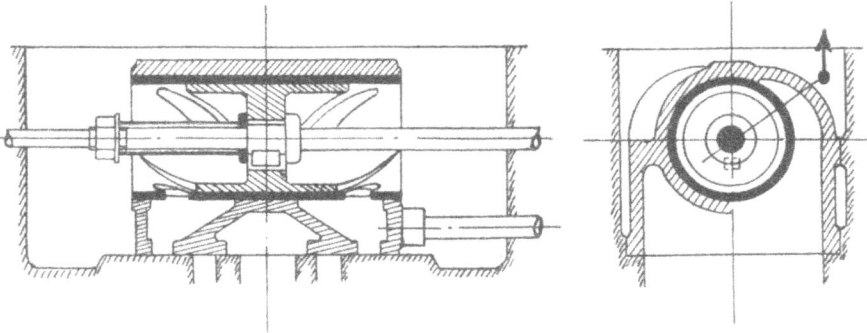

Fig. 67.

Die Diagramme sind natürlich genau dieselben wie bei der Meyer-Steuerung, die Veränderlichkeit der Expansion bei allen diesen Ausführungen eine ziemlich große, und da sie sich auch verhältnismäßig einfach und leicht vom Regulator beeinflussen lassen, ist ihr Verwendungsgebiet sehr ausgebreitet.

V. Steuerungen mit getrennten Ein- und Auslaßorganen.

a) Rundschieber- bzw. Corlifs-Steuerungen.

Zu den ältesten, schon in den 60er Jahren bekannten und verbreiteten Steuerungen, die statt des einfachen Muschelschiebers vier getrennte Teile anwenden, gehören die Corliß-Steuerungen, die in Tafel VII dargestellt sind. Wie aus den Konstruktionsfiguren hervorgeht, ist diese Abänderung rein konstruktiver Natur und unterscheidet sich auch von der einfachen Schieberbewegung nur wenig durch die Oszillationsbewegungen der einzelnen Triebstangen; mit ihr allein läßt sich auch nicht mehr anfangen als mit der ersteren, namentlich nicht in Hinsicht auf Veränderlichkeit der Füllung. Die Diagrammuntersuchungen (Tafel VII, 1—3) unterscheiden sich daher auch nur durch die Daten von der auf Tafel I. Dem Müllerschen Schieberdiagramm (VII, 2) ist das Dampfdiagramm beigegeben, das der Hochdruckseite einer Verbunddampfmaschine angehört. Das Zeunersche Diagramm ist in doppeltem Maßstabe gezeichnet, weil der Winkel δ sehr klein ist und der Schieberkreis die Linie OX nur flach trifft. Trotzdem liefern die beiden anderen Diagramme (VII, 2 u. 3) genauere Resultate.

Das Wesen der Corliß-Steuerung liegt in erster Linie in den Vorteilen, die eine Trennung der Abschlußorgane und Kanäle voneinander mit sich bringt:

Die Erwärmung des Auspuffdampfes wird vermieden.

Die schädlichen Räume werden auf ein Minimum (bis herab zu 1 % des Zylindervolumens) herabgedrückt, weil die Zusammenziehung der Kanäle nach der Mitte zu fortfällt, zugleich werden die Abkühlungsflächen sehr klein.

Die Trennung der Organe gibt kleine, unter Druck stehende Flächen, da die Muschel fortfällt; Entlastung ist des mangelnden Dichtungsdrucks halber nicht ausführbar.

Die zylindrische Gestalt der Schieber ermöglicht genaue Herstellung und einfache Reparatur durch Nachbohren des Gehäuses.

Der Antrieb der vier Organe, die als Drehschieber ausgebildet sind, geschieht durch eine gemeinsame Schwingscheibe $(r\,\delta)$ und vier an ihrem Umfange gelenkig angebrachte schwingende Stangen, die mit den Schieberspindeln durch Hebel verbunden sind. Man erzielt durch diese Anordnung rasche Eröffnung, raschen Schluß und langes Anhalten der Eröffnung. Dazu wählt man die Schwingungsbewegung derart, daß die Strecklage (Fig. 68) ausgenutzt wird, in deren Nähe der Schieberweg trotz großer Antriebsbewegung minimal ist, sie wird daher in die Mitte der Ein- bzw. Ausströmung gelegt, wodurch diese verbessert werden können.

Die Auslaßschieber werden immer rein zwangläufig durch die Schwingscheibe allein bewegt, auch die Einströmung erfolgt zunächst zwangläufig, bei ihr sind indessen zur Erzielung einer veränderlichen Expansion besondere Zwischenglieder zwischen Schwingscheibe und Schieber eingeschaltet. Durch diese Zwischenglieder, die in einer unabhängigen Schlußkraft, auf den Schieber wirkend, bestehen, sowie in einem dazu gehörigen Unterbrechungsmechanismus an der Schwingestange, kann der Schieber jederzeit geschlossen werden. Die Unterbrechung des normalen Exzenterantriebs durch die Schwing-

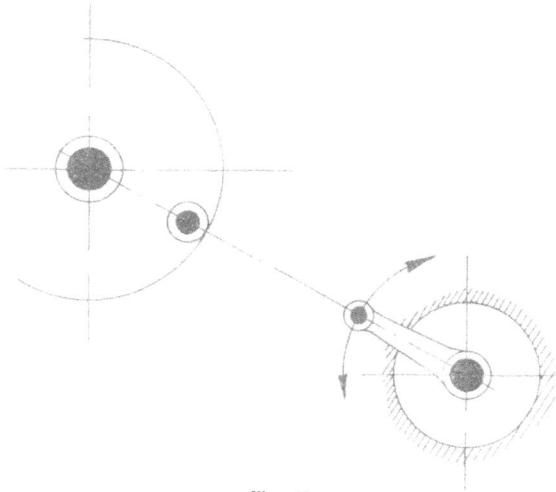

Fig. 68.

scheibe und das Inkrafttreten der Schlußbewegung des Schiebers durch die unabhängige Kraft wird durch den Regulator eingeleitet. Die Größe der Schlußkraft setzt sich zusammen aus der Schieber-, Zapfen- und Stopfbüchsenreibung und den Beschleunigungskräften. Die letzteren setzen, abgesehen von einem Versagen des Unterbrechungsmechanismus, der Anwendung dieser Steuerung bei mehr als 100 minutlichen Umdrehungen der Maschine eine Grenze. Die Schlußkraft kann aus Gewichten oder Federn bestehen, wird jedoch heute fast ausschließlich durch Luftdruck in sog. Katarakten, in denen bei jedem Hub die Luft unter einem Kolben verdünnt wird, bewirkt. Die Größe des Luftdrucks läßt sich beliebig steigern, er eignet sich vor allen Dingen dort überall, wo in einer Maschine frei bewegte Massen zur Ruhe gebracht werden müssen.

Die in Tafel VII, 3 in die Schieberellipse hineingezeichneten Kurven stellen die Schließbewegung des Schiebers dar. Die Schieberellipse selbst gilt nur, so lange der reine Exzenterantrieb vorliegt. Nach der Ausklinkung erfolgt freier Fall mit einer von der Größe der Schlußkraft abhängigen Beschleunigung; diese richtet sich wiederum nach der zum Schluß verfügbaren Zeit. Die Fallhöhe h ist für jede Konstruktion gegeben, sie setzt sich in bezug auf den Schieber in Drehung um; alle Schieberwege sind überhaupt im Bogen zu messen. Die Fallzeit ist aus der Umdrehungszahl der Maschine resp. aus der Kolbengeschwindigkeit so zu berechnen, daß keine Drosselung erfolgt. Das flache Ende der Kurve (Tafel VII, 3) zeigt die Wirkung des Luftpuffers. Man kann diese Kurven auch in das Müllersche oder Zeunersche Diagramm einzeichnen.

Tafel VII, 5 gibt eine konstruktive Durchführung der Corliß-Steuerung von Otto H. Müller in Budapest: Seitlich am Zylinder, in der Mitte zwischen den vier Hähnen schwingt auf einem festen Zapfen Z die Steuerscheibe A. Diese trägt als Angriffspunkt der vom Exzenter kommenden Stange den Zapfen C, außer diesem noch vier andere Zapfen, die beiden oberen DD für die Zugstangen der Einlaßhähne GG des Zylinders, die beiden unteren D_1D_1 für diejenigen der Auslaßhähne HH. Durch die Exzenterstange angetrieben, schwingt die Steuerscheibe und setzt auch die Hähne in Schwingung. Die Auslaßhähne H folgen durch Vermittlung der Hebel L_1 und Stangen E_1 der Bewegung. Jeder der Einlaßhähne G trägt auf seiner Spindel F einen Winkelhebel KL, dessen Arm L mit einem Nocken n armiert ist, der in einer abwärts gerichteten Nase ausläuft: daran legt sich mit einem Anschlage die Zugstange E und nimmt den Hebel L mit. Eine entsprechend starke Feder S hat die Aufgabe, die Zugstange gegen die Nase anzupressen. Um nun bei beliebiger Füllung des Zylinders einen raschen Abschluß zu erlangen, muß die Zugstange E im geeigneten Moment außer Berührung mit dem Hebel L gebracht werden, hierzu dient ein Riegel R, der sich senkrecht, frei in einer Führung bewegt. Er ruht auf der Zugstange und wird mit ihr gehoben, bis er oben an den verstellbaren Keil M stößt. Dieser Keil sitzt an einer mit dem Regulator verbundenen Stange N. Durch ihn wird die Zugstange verhindert, an der aufsteigenden Bewegung der Nase n teilzunehmen, und es erfolgt ein Ausschnappen. Der Hebel wird frei, durch die Kraft Q in seine äußerste, nach außen gerichtete Stellung gedreht, und der Einlaßhahn schließt. Das die Kraft Q vorstellende Gewicht bewegt sich luftdicht im Zylinder O, der die Aufgabe hat, die Fallgeschwindigkeit des Gewichts zu regulieren, indem er als Luftpuffer dient, d. h. die Dauer des Dampfeinlasses zu verlängern. Die Skizze, Tafel VII, 4, zeigt die Steuerung im Prinzip in den vier zur Konstruktion nötigen Stellungen. Diese braucht natürlich nur für eine Seite (hier links) durchgeführt zu werden, wenngleich darauf zu achten ist, daß die beiden Rundschieber nicht zusammen arbeiten. Die Querschnitte der Kanäle berechnet man wie bei der einfachen Schiebersteuerung, wegen der kurzen Dampfwege aber und geringen schädlichen Räume kann man mit den zulässigen Dampfgeschwindigkeiten weit höher gehen, bis nahezu auf das Doppelte.

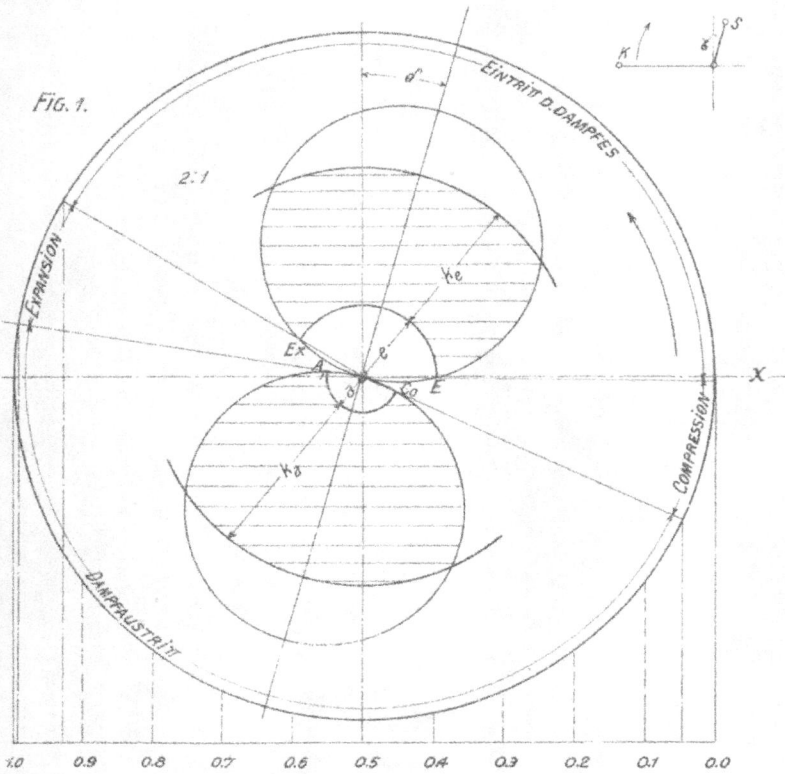

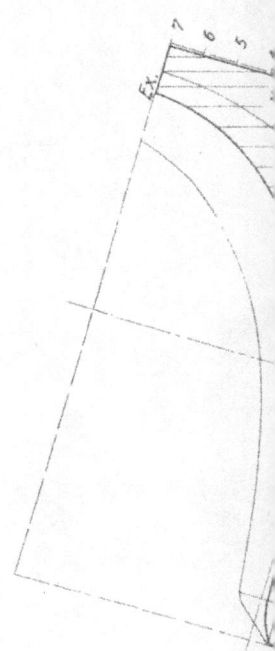

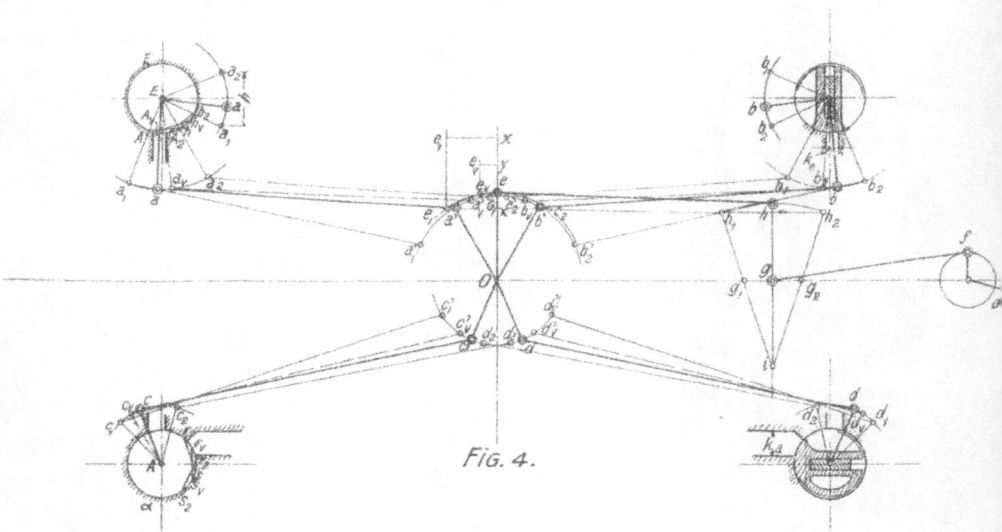

Rundschieber

FIG. 1.

2:1

EINTRITT D. DAMPFES

EXPANSION

COMPRESSION

DAMPFAUSTRITT

k_e

Ex A e
a Co E X

k_a

1.0   0.9   0.8   0.7   0.6   0.5   0.4   0.3   0.2   0.1   0.0

FIG. 4.

Dannenbaum, Die Dampfmaschine und ihre Steuerung

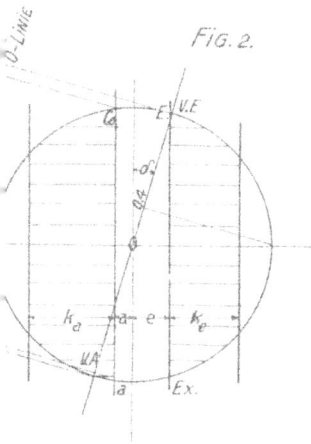

FIG. 2.

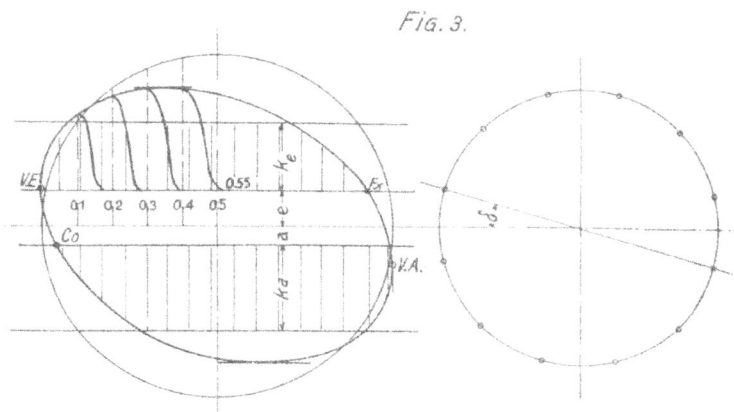

FIG. 3.

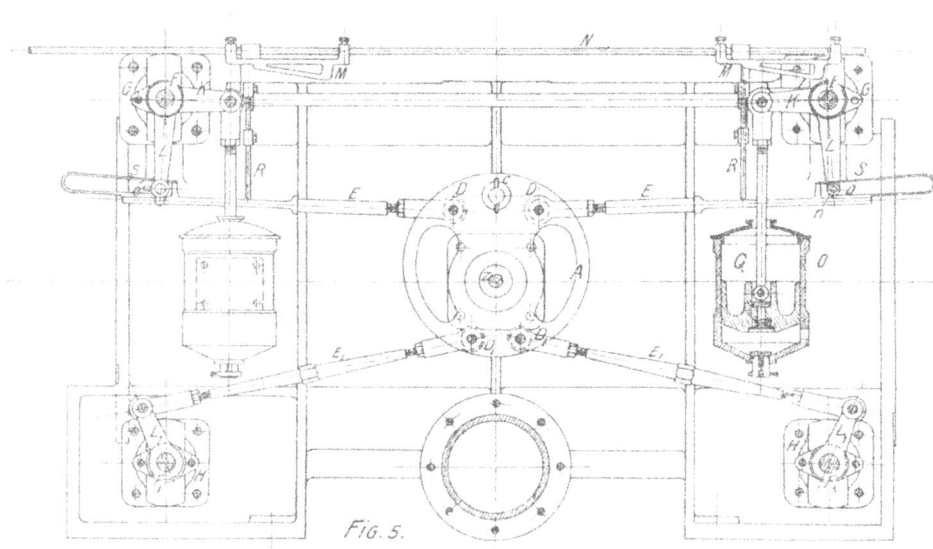

FIG. 5.

Verlag von R. Oldenbourg, München u. Berlin

Vom Auslaßschieber sind drei Lagen bekannt:

1. seine Mittellage $r\,u\,s$, in der er den Kanal um die Größe a, die Auslaßdeckung, überdeckt (Fig. 69),

2. die Lage $r_v\,u\,s_v$ für den Hubwechsel, wobei die gewünschte Vorausströmung für ihn, r_v vorhanden sein muß,

3. die äußerste Lage $r_2\,u\,s_2$ für den Kurbelwinkel $90^0 - \delta$, in welcher der Kanal mindestens offen sein muß. In dem behandelten Beispiel ist dies übrigens schon lange vorher der Fall.

Die Lage des Schieberhebels $A\,c$, zur Mittellage $r\,u\,s$ gehörig, ebenso die Lage von c' auf der Steuerscheibe wird angenommen; damit ist dann die Länge der Schieberstange $c\,c'$ festgelegt. Nunmehr kann man folgendermaßen schließen: Bei einer Drehung des Exzenters um den Voreilwinkel δ kommt der Schieber aus der Lage $r\,u\,s$ nach der Lage $r_v\,u\,s_v$; der Schieberhebel aus der Lage $A\,c$ nach $A\,c_v$, wenn $\sphericalangle\,c\,A\,c_v = \sphericalangle\,r\,A\,r_v$ ist. Der Punkt c' der Scheibe kommt nach $c'v$, wobei natürlich die Stangenlänge $c\,c' = c_v\,c'_v$ die Lage bestimmt. Die Exzenterkurbel steht in $V\,A$ (Tafel VII, Fig. 1 u. 2). Steht sie in der äußersten Stellung, so befindet sich der

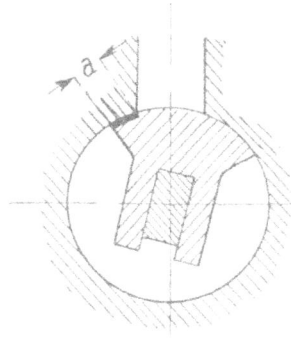

Fig. 69.

Schieber in $r_1\,s_1$, der Hebel in $A\,c_1$; der Scheibenpunkt in c'_1, wenn wieder $c\,c' = c_1\,c'_1$ ist. Wird $\sphericalangle\,c\,O\,c_1 = \sphericalangle\,e\,O\,e_1$ gemacht, so gibt $e_1\,x$ den der Exzentrizität entsprechenden Ausschlag, der in Fig. 4 durch Zwischenschaltung des einarmigen Hebels $h\,g\,i$ erreicht wird. Macht man ferner $\sphericalangle\,c\,O\,c_v = \sphericalangle\,e\,O\,e_v$, so gibt $e_v\,y$, mit Berücksichtigung der Übersetzung, den Ausschlag des Voreilwinkels. Der Winkel $A\,c\,c'$ ist durch Versuche so zu bestimmen, daß eine recht kleine Exzentrizität genügt, um den Schieberhebel aus der Lage $A\,c$ in jene $A\,c_1$ zu bringen, ferner daß die äußersten Winkel $A\,c_2\,c'_2$ und $A\,c_1\,c'_1$ weder zu spitz noch zu stumpf werden.

Vom Einlaßschieber ist die Lage $A\,\varepsilon\,h$ bekannt, wobei der Kanal um e überdeckt wird, entsprechend den Mittellagen des Exzenters und des Scheibenpunktes a'. Der Hebel $E\,a$ ist durch Versuche so zu legen, daß für den Hubwechsel, also bei einer Drehung der Steuerscheibe um den Winkel $c\,O\,c_2 = \sphericalangle\,e\,O\,e_1$, der Einlaßschieber in der Lage $A_v\,\varepsilon\,h_v$ um die Voreinströmung v_e geöffnet hat. Auch hier ist noch mehr darauf zu achten, daß die Winkel zwischen der Zugstange und dem Schieberhebel in den äußersten Lagen möglichst wenig von 90^0 abweichen, weil sonst die Klinken n und o (Fig. 5, VII) schlecht aufeinanderliegen. Es ist ferner dafür zu sorgen, daß der Kanal auch für kleinere Füllungen schon ganz offen ist, endlich, daß die Lagen der Zugstangen $a_1\,a'_1$ und $a_2\,a'_2$ (Fig. 4)

Niveaudifferenzen zeigen, damit der Regulator empfindlich genug arbeiten kann.

Aus alledem ist zu ersehen, daß bei so verwickelten Verhältnissen und bei solcher Freiheit in den einzelnen Annahmen es sich immer empfehlen wird, an der fertig entworfenen Konstruktion die Schieberwege genau zu ermitteln und sie als Funktion der Kolbenwege aufzutragen, d. i. eine Konstruktion nach Art der Schieberellipse, ähnlich wie bei den Lenkersteuerungen, auszuführen.

In dem Beispiel auf Tafel VII ist der Voreilwinkel $\delta = 16^0$, und zwar deshalb so klein gewählt worden, damit der für die Ausklinkung ausnutzbare Winkel $(90^0 - \delta)$ möglichst groß wird. Es kann hierbei die Füllung zwischen o und 0,4 des ganzen Zylindervolumens wechseln, läßt sich aber noch bis auf 0,55 steigern durch Offenhalten des Kanals vermittelst des Luftpuffers.

Erfolgt die Auslösung des Einlaßschiebers nicht auf seinem Hingange, so kann sie überhaupt nicht mehr stattfinden, weil sich die Auslösestange R (Tafel VII, 5) von da ab wieder senkt (Fig. 70).

Zwischen o und 0,4 kann man in der Füllung beliebig variieren, dann aber erfolgt ein Sprung bis zur Maximalfüllung, die ein nach gleichen Verhältnissen gebauter einfacher Muschelschieber geben würde. Dieser Sprung kann unter Umständen nachteilig wirken, er läßt sich nur dann vermeiden, wenn man die Ausklinkung von einer zweiten Bewegung abhängig macht. Ein zweites Exzenter z. B., unter einem Voreilwinkel $\delta = 90^0$ aufgekeilt, würde den ganzen Halbkreis für die Auslösung verfügbar machen.

Bei der Corliß-Steuerung von Frickart ist die Aufgabe etwas anders gelöst; er leitet die zweite Bewegung von der Kolbenstange, und zwar senkrecht zu ihr ab, so daß alle Füllungsgrade von o bis zum Maximum (gewöhnlich 0,7) erhalten werden können (Tafel VIII).

Bei dieser Steuerung stimmen Vorausströmung, Ausströmung und Kompression mit der gewöhnlichen Corliß-Steuerung überein, die Einströmung ist unwesentlich geändert; sie hängt von der Mitnehmerbewegung ab, die in Tafel VIII, 1 für acht Punkte und den der Vorausströmung entsprechenden (γ) für einen Füllungsgrad genau durchgeführt ist. Die Konstruktion ist aus der Figur ersichtlich und entspricht einer Füllung von 30%.

Die Klinkvorrichtung unterscheidet sich in charakteristischer Weise von der der Corliß-Maschinen älterer Art. Die als Mitnehmer fungierenden Klinken sind nämlich stets zwangläufig geführt und in ihrer Bewegung nicht durch Federn beeinflußt. Im folgenden ist die Arbeitsweise der Steuerung dargestellt (siehe auch Tafel VIII, Fig. 1—3).

Das Exzenter treibt unter Vermittlung eines Zwischenhebels eine seitlich vom Zylinder gelagerte fünfarmige Schwinge an. Von dieser werden die Auslaßschieber wie üblich unveränderlich bewegt. Die oberen Arme der Schwinge wirken auf die Doppelhebel A, welche lose drehbar außen auf den Hülsen B sitzen, die den Achsen C der Einlaßschieber als Lager

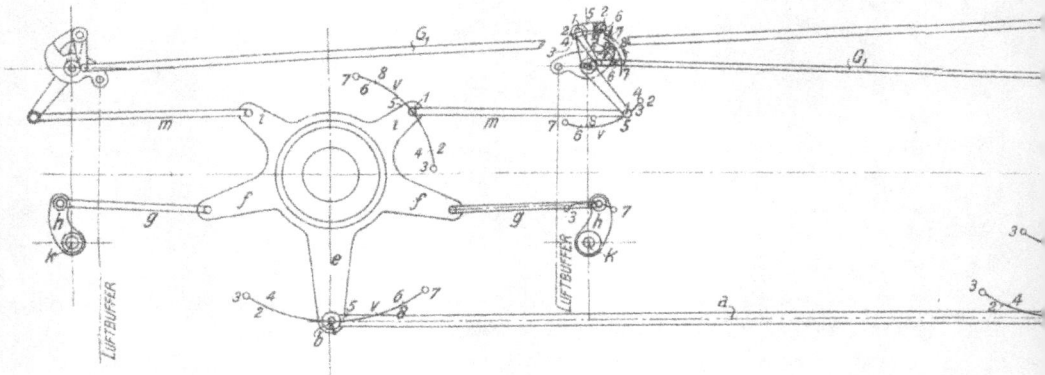

Fig. 1.

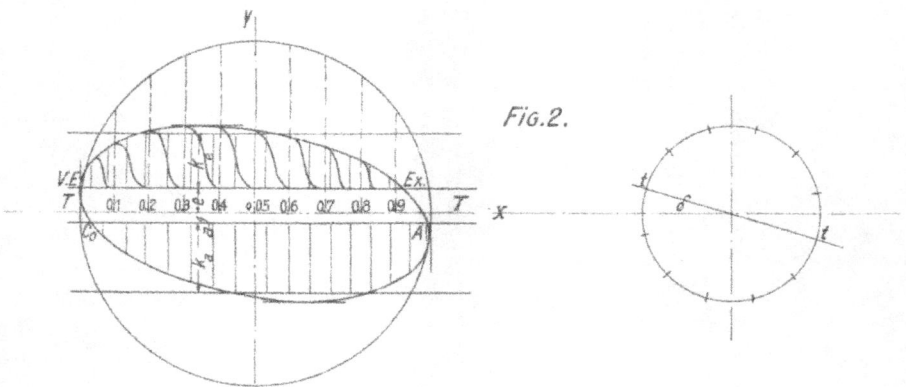

Fig. 2.

Dannenbaum, Die Dampfmaschine und ihre Steuerung

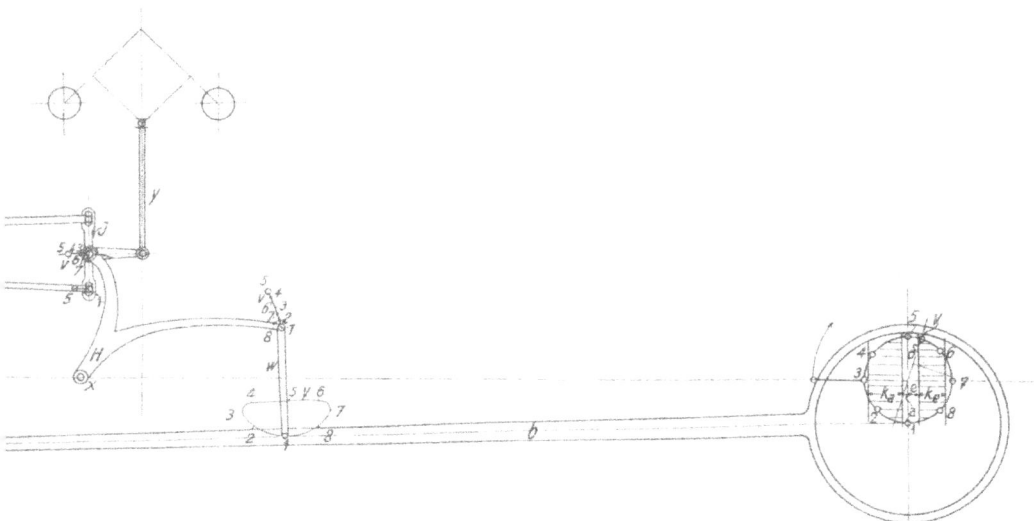

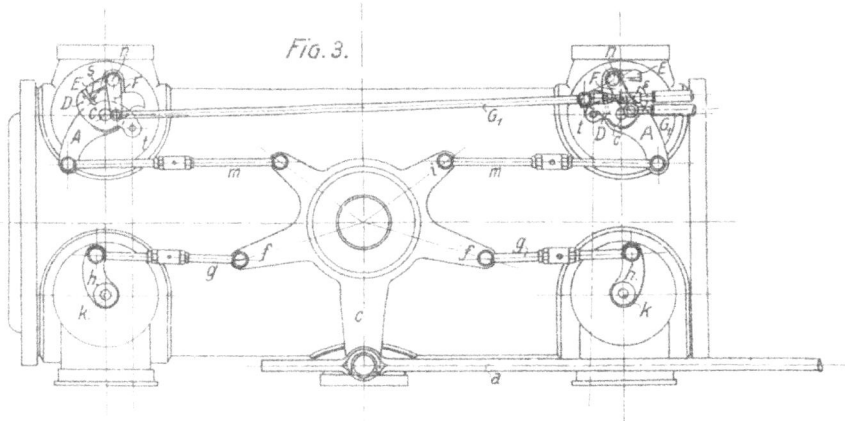

Fig. 3.

Verlag von R. Oldenbourg, München u. Berlin.

dienen. Auf C unwandelbar fest sitzt der passive Mitnehmer D, der einerseits mit einer gehärteten Druckplatte s versehen, anderseits an den den Schieberschluß bewirkenden Luftkolben angeschlossen ist. Der sog. aktive Mitnehmer E ist auf einem an A befestigten Zapfen lose drehbar und bildet ein Stück mit einer kleinen Kurbel F, durch welche dieser Klinke die zweite, oben erwähnte Bewegung erteilt wird. Diese wird in der Weise von der Exzenterstange abgeleitet, daß eine besondere kleine Schubstange w an dem einen Ende eines Winkelhebels angreift, dessen zweiter Endpunkt einen dreiarmigen Hebel J trägt, welcher durch die Stangen $G_1 G_1$ die Schwingungen von H auf die Kurbeln F und dadurch auf die Klinken E überträgt. Bei der Kreisschwingung stößt nun die Klinke E gegen den passiven Mitnehmer D, nimmt diesen mit herum und öffnet dadurch den Einlaßschieber. Dies dauert so lange, bis bei der gleichzeitigen, radial aufwärts gerichteten Bewegung die innere Kante von E den Mitnehmer D verläßt, alsdann erfolgt Schieberschluß. Die frühere oder spätere Auslösung wird nun dadurch bewirkt, daß der Regulator auf den dritten Arm des Hebels J einwirkt und je nach seiner Stellung die Kurbeln F bzw. die Klinken E dem Mittelpunkte der Rundschieberachsen nähert oder von ihm entfernt, wie das auch aus Fig. 71 hervorgeht. In derselben geben die

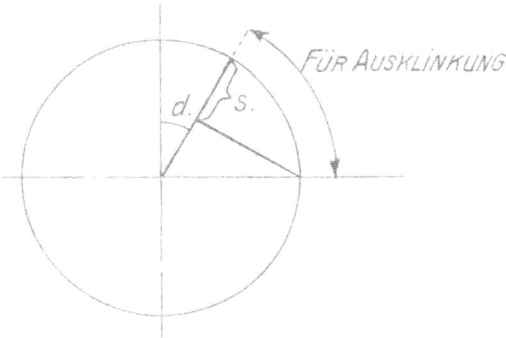

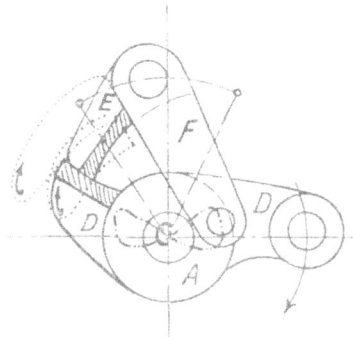

Fig. 70.   Fig. 71.

beiden gestrichelten Kurven den von der inneren Kante der Klinke E durchlaufenen Weg für die kleinste und für eine größere Füllung an; erstere ist im vorliegenden Falle gleich Null, entsprechend der am weitesten nach außen liegenden Kurve. Die Mitte des Kurbelzapfens der kleinen Kurbel F beschreibt hierbei eine ebenfalls angedeutete schleifenartige Kurve, welche für die äußersten Regulatorstellungen entweder rechts oder links neben der senkrechten Mittellinie beschrieben wird.

Da die für uns maßgebenden gestrichelten Kurven bei der Stelle des Auftreffens der Mitnehmer aufeinander nahezu konzentrisch um C liegen, so liegt wiederum Kreisbewegung vor, und es läßt sich zum Entwurf dieser Steuerung jede der drei Darstellungen des Schieberdiagramms benutzen.

Die Voreinströmung bleibt konstant, wenn man die Arbeitsflächen s von E und D nach einem Kreise aus U (Fig. 71 und Tafel VIII, 1, 3) in der Stellung v formt, die Stelle des Auftreffens hat dann keinen Einfluß.

Als Diagramm ist auch hier nur die Schieberellipse angegeben (Tafel VIII, 2), weil sie allein ein übersichtliches Bild liefert; sie stimmt überein mit der der Corliß-Maschine auf Tafel VII, nur sind jetzt die Kurven des freien Falles bis zur Maximalfüllung verzeichnet. Es ist nicht möglich, bei getrennten Steuerungsorganen im Zeunerschen oder Müllerschen Diagramm all die eingeschalteten Bewegungen klar zum Ausdruck zu bringen, man kann sie höchstens zum ersten Entwurf benutzen und dann eventuell eine Rückübertragung der Füllungsgrade angeben, wie es in Fig. 1, Tafel VIII für 0,3 geschehen ist.

b) Ventilsteuerungen.

Die Trennung der Steuerungsorgane, von Corliß zuerst durchgeführt, leitete sehr bald dazu hin, die Grundlagen der einfachen Schiebersteuerung überhaupt zu verlassen und die getrennten Organe nun auch getrennt zu steuern, den Einlaß mit einem gesonderten Exzenter ($r_1 \delta_1$) und den Auslaß ebenso ($r_2 \delta_2$) oder noch häufiger mit Unrundscheiben. Sobald aber

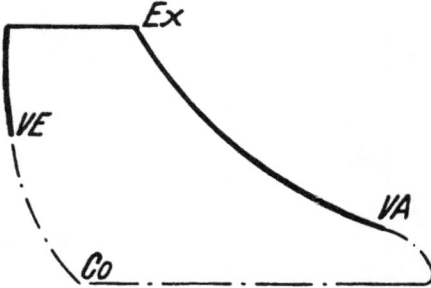

Fig. 72.

die Steuerungsorgane unabhängig voneinander und eventuell unabhängig von einer Kreisbewegung arbeiten, läßt sich jede gewünschte Dampfverteilung erreichen. Kleine Füllung hatte bei allen bisher behandelten Beispielen einen großen Voreilwinkel im Gefolge mit all seinen Nachteilen in bezug auf die Ausströmung. Jetzt kann Vorausströmung und Kompression gewählt werden und ebenso Voreinströmung und Expansion (in Fig. 72 angedeutet). Macht man sich nun noch gänzlich oder teilweise von der Kreisbewegung für den direkten Antrieb der Steuerungsorgane frei, so erreicht man eine Steuerung, die auch den höchsten Anforderungen entspricht.

Ventilsteuerungen mit Ausklinkbewegung.

Die erste dieser Steuerungsarten war die Freifallventilsteuerung der Gebr. Sulzer, erfunden und zuerst durchkonstruiert von Charles Brown. Sie entstand sehr bald nach dem ersten Bekanntwerden der Corliß-Steuerung und ist ihr, abgesehen von der Art der Abschlußorgane, sehr ähnlich. Sie besitzt vier getrennte, als Doppelsitzventile ausgebildete Abschlußorgane, zwei davon dienen dem Dampfeinlaß, die anderen beiden dem Dampfauslaß, erstere werden durch je ein besonderes Exzenter bewegt, letztere durch unrunde Scheiben.

Wie bei der Corliß-Steuerung hat man auch hier drei Perioden zu unterscheiden:

1. zwangläufige Eröffnung,
2. Auslösung,
3. Kraftschluß.

Beim Auslaß gibt die unrunde Scheibe schnelle Öffnung, schnellen Schluß und hält das Ventil lange offen, sie sichert bei geeigneter Konstruktion richtige Vorausströmung und Kompression. Bringt man mehrere, den Verhältnissen angepaßte Unrundscheiben nebeneinander auf der Steuerwelle an, so bietet ein Wechsel im Betrieb, mit oder ohne Kondensation, keine Schwierigkeiten.

Die Expansion wird vom Regulator beherrscht, der wie bei der Corliß-Steuerung eine zwar zwangläufige, aber eintriebige Verbindung aufheben kann, eine Feder bewirkt dann den Schluß des Organs. Als Bewegungswiderstände treten auf:

1. die Reibung,
2. der Strömungsdruck des Dampfes,
3. namentlich die Beschleunigung aller mit dem Ventil in Verbindung stehenden Massen.

Es ist daher erste Bedingung, diese auf ein Minimum zu reduzieren. Bei der älteren Sulzer-Steuerung, die hier gewählt worden ist (Tafel IX), weil hierbei alle drei Diagramme unter zulässigen Annahmen zur Wiedergabe der Ventilerhebungen brauchbar bleiben, ist dieser Grundsatz der Reduktion der Massen noch nicht ganz zur Geltung gelangt, erfolgt aber die Auslösung des Einlaßventils, wie bei der neueren Sulzer-Steuerung, dicht beim Ventil, so sind die Widerstände erheblich geringer als bei der Corliß-Steuerung.

Die Schlußkraft muß hierbei sehr gut regulierbar sein, sie ist auch schwerer zu beherrschen als bei der Corliß-Steuerung, weil das Ventil ohne Stoß genau auf seinen Sitz auftreffen muß. Die Ventilgeschwindigkeit muß demnach gegen Schluß verlangsamt werden. Bei der Corliß-Steuerung kommen keine Stöße in der Bewegung der Abschlußschieber vor, denn die Hubbegrenzung fehlt, es ist auch gleichgültig, ob der Drehschieber einige Millimeter weiter auf seiner Bahn erst zum Stillstand kommt.

Die ganze Steuerung ist auf Tafel IX, 6 dargestellt:

Die Exzenterstange a wird von zwei flachen Schienen gebildet, welche zwischen sich den stählernen Steg b aufnehmen und an ihrem äußersten Ende, bei c, zusammenhängen, wo sie auf der zylindrischen Stange D geführt werden. Diese steht durch das Scharnier e mit dem Winkelhebel ff_1 in Verbindung, dessen inneres Armende klauenförmig ausgehöhlt ist und die Ventilstange erfaßt. Das untere Ende der Stange D, welches in einer Gabel den stählernen Anschlag g trägt, stützt sich auf die Schwinge h. Bei der im angegebenen Sinne erfolgenden Rotation der Steuerwelle (Fig. 1) bewegt sich die Kante der Stahlplatte *b* in einer ellipsenähnlichen Kurve und wird auf ihrem Wege gegen den Anschlag *g* der gegabelten Stange *D* treffen; da diese nicht seitlich ausweichen kann, so folgt sie dem Abwärtsgange der Exzenterstange so lange, bis die Platte *b* sie schließlich wieder freigibt. In diesem Moment gelangt die während des Ventilhubs zusammengedrückte Spiralfeder zur Wirkung und schließt unter Gegenwirkung des Luftpuffers schnell ab. Bei einer fixierten Stellung des Drehpunktes *i* der Schwinge *h* findet immer eine bestimmte Füllung statt. Beim Heben und Senken der Zugstange *m* durch den Regulator wird die Stange *e g* um *e* gedreht und *g* nahezu in die Linie 1—2 verschoben. Dadurch wird die Größe der Berührungsflächen der beiden Nasen im Moment des Auftreffens erhöht oder verkleinert, wodurch das Aushaken, das gleichbedeutend ist mit dem Beginn der Expansion, später oder früher eintritt.

Im folgenden möge der Steuerungsmechanismus, der in Fig. 1, Tafel IX in horizontaler Lage und unmaßstäblich herausgezeichnet ist, näher untersucht werden. $C_1 D_1$ ist die Exzenterstange, der Punkt *C* wird im Kreise herumgedreht, während *D* auf *E F* gleitet. Fest verbunden mit der Exzenterstange ist die Nase *l*, deren Ecke die ellipsenähnliche Figur E_2 beschreibt, *g* ist die zweite Nase, welche mit der Stange *E F* in Verbindung steht.

Die Stellung von *b*, wie sie in der Figur eingezeichnet ist, ist vorhanden, wenn sich die Exzenterkurbel in der Mittellage $O C_1$ befindet. Dabei stehen die Nasen in einer Entfernung = *e*, welche hier die Rolle der Einlaßdeckung spielt. Ferner sei mit *r* die Exzentrizität, *l* die Länge der Exzenterstange $l_1 = b\,C_1$, $l_2 = b\,D_1$ bezeichnet. Wenn *b* nach b_1 gekommen ist, findet das Auftreffen der beiden Nasen statt, und es beginnt die Eröffnung des Einlaßventils, die Exzenterstange steht dann in $C_2 D_2$. Die Kurbel nähert sich ihrer toten Lage und bei Erreichung derselben wird *g* schon eine Zeitlang von *b* mitgenommen sein, so daß das Einlaßventil beim Hubwechsel schon um eine gewisse Voreinströmung r_e vom Sitze erhoben ist. Ist hierbei $O C_3$ die Lage der Exzenterkurbel, so ist $\sphericalangle\,C_3\,O\,C_1$ der Voreilwinkel δ des Exzenters.

In dem Augenblicke, wo *b* mit *g* zusammentrifft und die Exzenterstange in $C_2 D_2$ steht, ändert *B* seine Bewegung; denn beim Gleiten der Flächen *n b* längs *g m* wird D_2 seine Lage auf *E F* gar nicht oder doch nur unmerklich ändern, da *n b* und *m g* wegen ihrer geringen Ausdehnung und wegen des verhältnismäßig großen und gegen die Abszissenachse schwach geneigten l_2 als kreisförmig und aus D_2 beschrieben angesehen werden können. Punkt *D* wird also aufhören, sich auf *E F* zu bewegen, wird sich aber mit *E F* bewegen, und da jeder Punkt von *E F* (da *F J* || *K E* ist) einen Kreis vom Radius *K E* beschreibt, so beginnt D_2 im Moment des Zusammentreffens beider Nasen sich auf der aus *A* beschriebenen Kreislinie *P* zu bewegen, während der andere Endpunkt auf dem Kreise *M* fortschreitet. Unter dem Einfluß dieser geänderten Bewegung beschreibt *b*

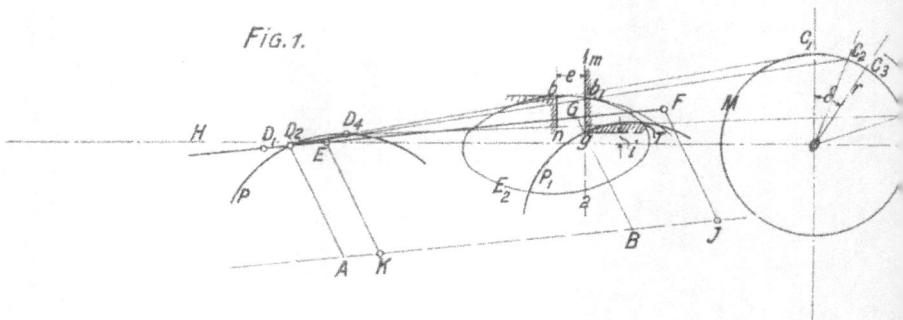

FIG.1.

FIG.2.

FIG.3.

2:1

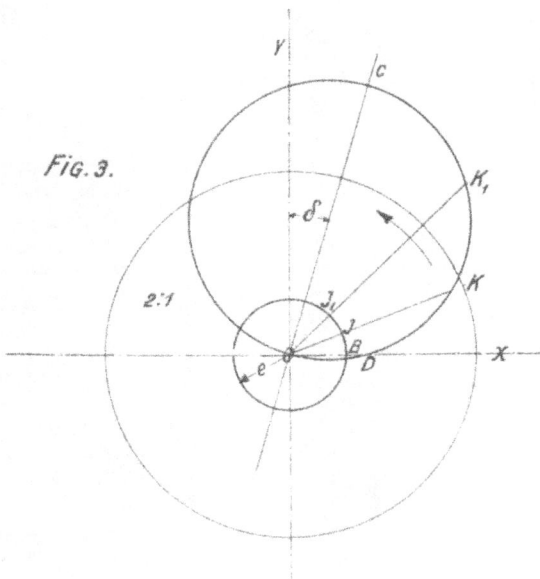

FIG.4.

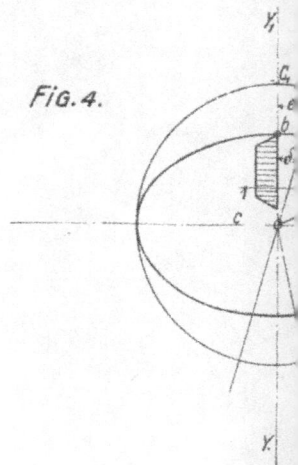

Dannenbaum, Die Dampfmaschine und ihre Steuerung

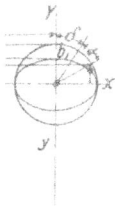

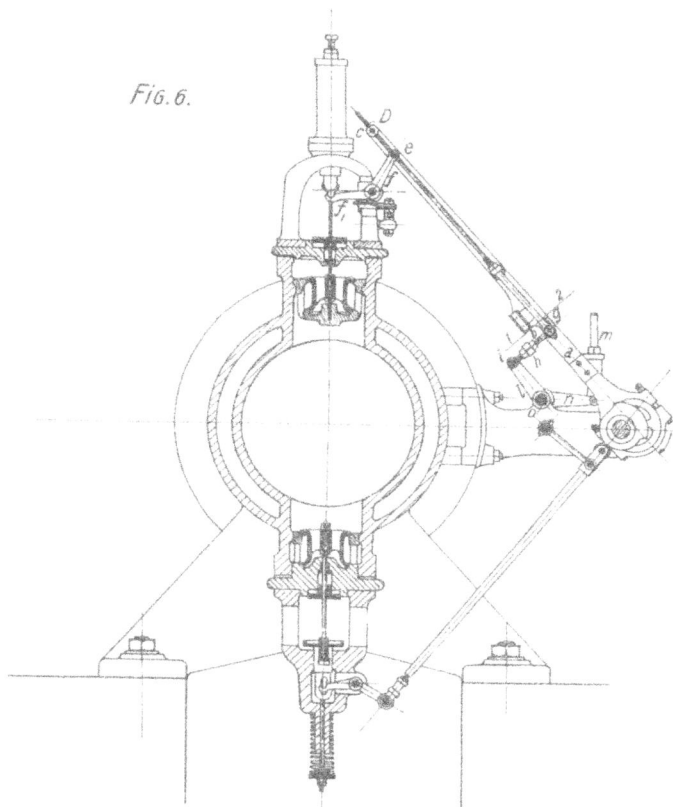

FIG. 6.

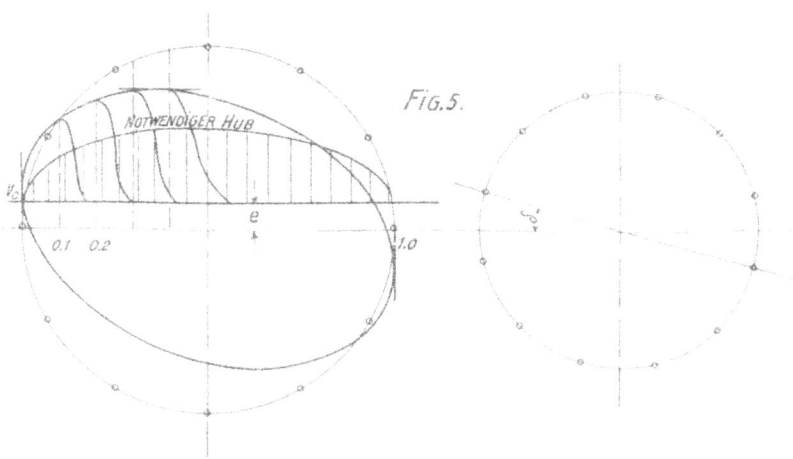

FIG. 5.

NOTWENDIGER HUB

0.1 0.2

1.0

Verlag von R. Oldenbourg, München u. Berlin.

eine zweite Kurve, die bei b_1 beginnt und in Tafel IX, Fig. 1 eingezeichnet ist. Punkt g aber bewegt sich angenähert auf der Kreislinie P_1, die aus B beschrieben ist ($BG \parallel FJ$). Diese letztere schneidet sich mit der früheren Kurve in T. Bei der Lage von b in T findet das Aushaken und der Schluß des Einlaßventils statt. Die Exzenterlage dabei ist C_4, die Dampfeinströmung ist infolgedessen bei dem Kurbelwinkel $u = C_3\,O\,C_4$ abgeschlossen. Wird g vom Regulator in der Linie 1—2 gehoben oder gesenkt, so wird die Füllung vermindert oder vermehrt.

Mit Rücksicht auf die bei dieser Steuerung vorkommenden Verhältnisse kann man diese genauere Behandlung durch eine einfachere angenäherte ersetzen.

Weil zunächst die Arme FJ und EK groß sind gegenüber dem Ausschub des Punktes g, so kann dessen Bewegung als geradlinig und parallel zur Abszissenachse erfolgend gedacht werden.

Ferner ist die Exzenterstange sehr lang im Verhältnis zur Exzentrizität, so daß zur Bestimmung der von b beschriebenen Linie $l = \infty$ angenommen werden kann. Bei dem vorliegenden Beispiel ist $l = 30\,r$. Es ist ferner zulässig, anzunehmen, daß die Bewegung des Punktes D in der Abszissenachse erfolge, da in der Gegend $D_1\,D_2\,D_4$ weder die Gerade EF_1 noch der Kreis P merklich von HH_1 abweichen.

Unter diesen Annahmen beschreibt Punkt b eine Ellipse mit der großen Achse $= r$ in der Abszissenachse und der kleinen Achse $r\,\dfrac{l_2}{l_1}$. Sie ist in Fig, 2, Tafel IX gezeichnet. Zieht man eine Parallele zur x-Achse durch b und schlägt um b mit l_1 einen Kreis, so trifft dieser die Parallele in b_1, welcher Punkt eine b kongruente Kurve innerhalb des Kreises der Exzentrizität beschreibt. Diese ist in Fig. 4, Tafel IX herausgezeichnet und entspricht nach Einzeichnung der Decklinie in der Entfernung e von der Y-Achse vollständig dem Müllerschen Diagramm. Die zweite Kanalkante bleibt bei einer Ventilsteuerung mit veränderlicher Expansion unbestimmt.

In Fig. 4 ist die Nase b in der höchsten Stellung, wenn das Exzenter in seiner Mittelstellung steht ($O\,C_1$ in Fig. 1), und die Ecke g, welche von der Fläche b um e entfernt ist, steht um das variable »f« über der Abszissenachse, und ihre Bahn ist 1—2, parallel zur Achse OX. Die Exzenterkurbel muß sich um $\sphericalangle C_1\,O\,C_3$ in der Pfeilrichtung bewegt haben, wenn das Auftreffen der Nasen stattfinden soll. Ist sie bis nach $O\,C_3$ gekommen, während die Kurbel in ihrer Totlage steht, so ist $\sphericalangle C_1\,O\,C_3 = \delta$, d. h. gleich dem Voreilwinkel. $C_3\,J = v_e$ gibt die Voreinströmung. Ist b in T angekommen, so erfolgt das Abschnappen und der Expansionsbeginn beim Kurbelwinkel $C_3\,O\,C_4$, der sich immer leicht durch die aus der Figur ersichtliche Konstruktion bestimmen läßt. Der Hub des Ventils ist allgemein gleich der Abszisse von b vermindert um e, also

$$h = r \sin (\delta + a) - e.$$

Alles dies läßt sich auch mit Hilfe des Zeunerschen Diagramms bestimmen.

In Fig. 3, Tafel IX ist OC die Exzentrizität des Antriebsexzenters $\measuredangle\, YOC = \delta$ der Voreilwinkel. Ist $OB = e$, so ergibt sich für einen beliebigen Kurbelwinkel α durch die Strecke

$$JK = r \sin (\delta + \alpha) - e$$

der Ventilhub.

Aus Fig. 4 ergibt sich ferner: Wenn $f > CO$ ist, so findet ein Zusammentreffen der beiden Mitnehmer überhaupt nicht mehr statt, man erhält dann also Nullfüllung. Für die Maximalfüllung wird

$$f_{\max} = (-z\,h);$$

der Dampfabschluß erfolgt dann nach einem Kurbelwinkel gleich $\measuredangle\, C_3\, OR$, und dies entspricht 80% des Kolbenweges.

Man kann nun sowohl das Müllersche als auch das Zeunersche Diagramm benutzen, um die Ventilerhebungskurve zu ermitteln, d. h. um die Schieberellipse aufzuzeichnen, was natürlich auch direkt geschehen kann. Solange die Bewegung zwangläufig erfolgt, gilt die Ellipse, nach der Ausklinkung die Kurve des freien Falles. Letztere läßt sich vom Indikator auch direkt aufzeichnen, ihre Berechnung findet sich bei Corliß angegeben:

Weg und Masse sind bekannt, daraus kann man für eine bestimmte Zeit die Schlußkraft berechnen. Die Grenze bilden wegen der Massenbeschleunigungen und der Stöße, die das Ventil dann erleidet, 60—80 Umdrehungen in der Minute.

Nur mit den gemachten Annahmen war es möglich, die einfachen Vorgänge in der Sulzer-Steueiung mit den drei gekennzeichneten Diagrammarten zu behandeln· Im allgemeinen sind die Steuerungsmechanismen der Ventilsteuerungen so vielgliedrig und kompliziert, daß die Verwendung der einfachen Müllerschen oder Zeunerschen Diagramme ausgeschlossen ist. Es bleibt dann nur noch die Darstellung, die auf der allgemeinen Grundlage der Schieberellipse fußt. Man muß die Bewegung des letzten Hebels vor dem Ventil durch die ganze äußere Steuerung hindurch ermitteln und die senkrechten Wege, gleich den Ventilerhebungen, als Funktion des Kolbenweges auftragen. Berechnet man sich den notwendigen Hub des Ventils für eine Anzahl Kolbenstellungen und zeichnet die sich ergebende Kurve (Fig. 5, IX), so ergibt ein Vergleich mit den wirklichen Erhebungen ein leicht zu beurteilendes Bild über die Brauchbarkeit der vorliegenden Steuerung. Bezeichnet:

d den Ventildurchmesser,

f den freien Durchgangsquerschnitt, den man bei den Doppelsitzventilen angenähert $= 0{,}72\,\dfrac{d^2 \cdot \pi}{4}$ setzen kann,

Q den Kolbenquerschnitt,

c die Kolbengeschwindigkeit,

$v \leqq 35$ m/Sek. die zulässige Dampfgeschwindigkeit,

so ist

$$f \cdot v = Q c.$$

Und der notwendige Ventilhub (beim Doppelsitzventil) folgt aus

$$2 \pi d h \cdot v = Q c,$$

$$h = \frac{Q c}{2 d \cdot \pi \cdot v};$$

v kann sich mit c ändern, und c steht mit der konstanten Kurbelgeschwindigkeit im Sinusverhältnis, daraus läßt sich h berechnen.

Ventilsteuerungen mit zwangläufiger Bewegung.

Um den Schwierigkeiten, welche der Freifall schafft, aus dem Wege zu gehen, namentlich aber, um die Ventilsteuerung für höhere Tourenzahlen geeignet zu machen, ist es notwendig, die Ventilbewegung von der Schlußkraft beim Heruntergehen auf den Ventilsitz unabhängig zu machen. Das Prinzip dabei ist zwangläufiges Anheben des Ventils und ferneres Gestalten der Ventilbewegung ohne Ausklinkung durch entsprechende Kurvenbahnen. Man nennt diese Steuerungen zwangläufig, indessen ist hierbei vorauszuschicken, daß eine vollkommen zwangläufige Bewegung bei Ventilsteuerungen schwer ausführbar ist, da die Bewegung ja plötzlich aufhören muß. Auch hier ist stets der Mitnehmer mit dem Ventil in eintriebiger Verbindung und eine überschüssig große konstante Kraft ohne Puffer und Reguliervorrichtungen, meistens eine starke Blatt- oder Spiralfeder sichert die Verbindung dieser eintriebigen Paarung für Ventilöffnung und -schluß. Das Geschwindigkeitsgesetz bleibt fortdauernd vom Antrieb abhängig, so daß vom freien Fall nicht mehr die Rede sein kann.

Eine der ältesten und in ihrer heutigen Gestalt sehr vollkommene, viel angewendete Steuerung dieser Art ist die von Collmann. In Fig. 1, Tafel X sind die Bewegungen derselben am Steuerungsschema ermittelt. Das Gestänge ist kompliziert und vielgliedrig, die einfachen Diagramme versagen hier vollständig. Die Bewegungen der Stoßplatte s geben die Ventilerhebungen, die in Fig. 3 als Ordinaten zu den betreffenden Kolbenstellungen eingetragen sind. Die Schieberellipse ist also das einzige Diagramm, welches in diesem Falle, sowie überhaupt stets, auch bei den kompliziertesten Steuerungsmechanismen, brauchbar bleibt. Die Decklinie stellt den Ventilsitz dar, die Ellipse selbst die Ventilerhebungskurven — prinzipiell, denn die Kurve braucht keine Ellipse zu sein. — Der untere Teil ist fortgelassen, weil das Ventil aufsitzt, die Fortsetzung der Kurve also ohne Interesse ist.

Ist der Winkel, unter dem die Kurve die Decklinie schneidet, zu steil, so ist das gleichbedeutend mit einem Stoß, ist er zu flach, mit einer Drosselung. Am besten läßt sich der Leitgedanke der Collmann-Steuerung durch die Prinzipskizze Fig. 73 erkennen, alle Varianten derselben, z. B. die in Fig. 1 oder in Fig. 2 auf Tafel X, lassen sich auf sie zurückführen.

5*

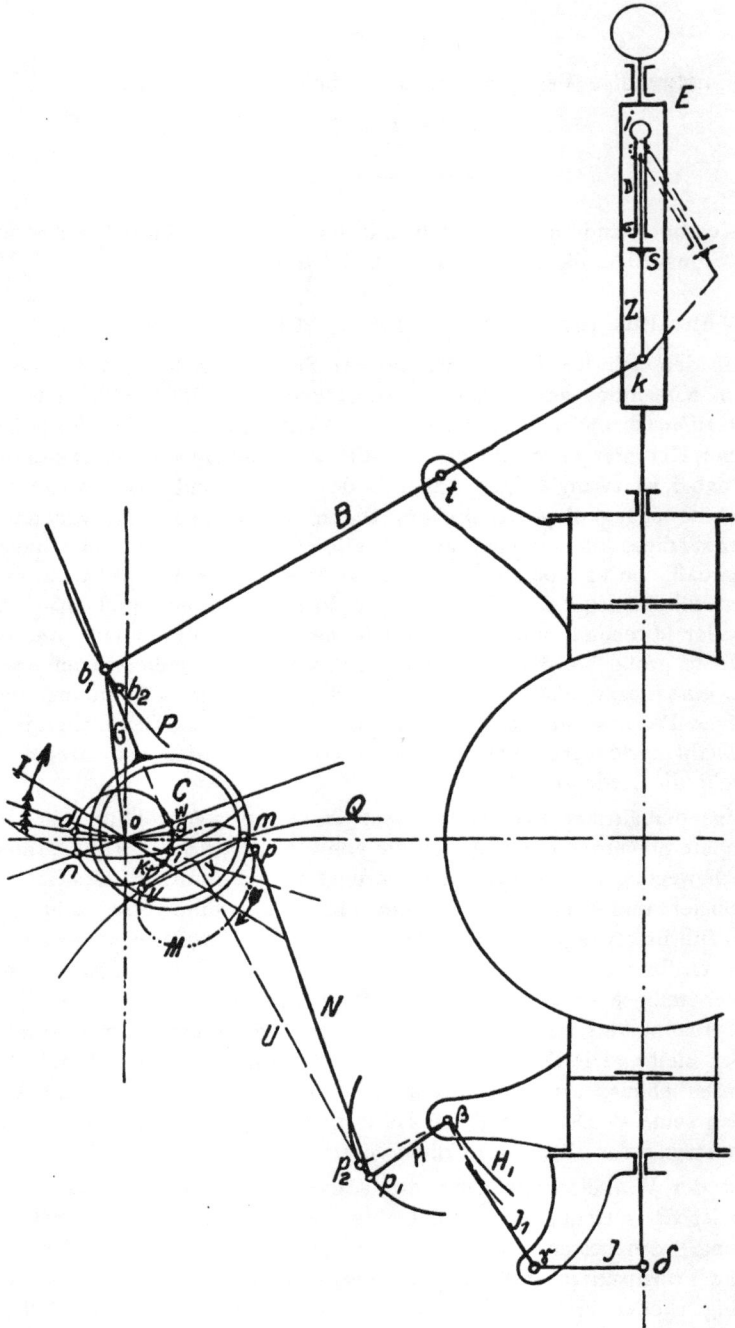

Fig. 73.

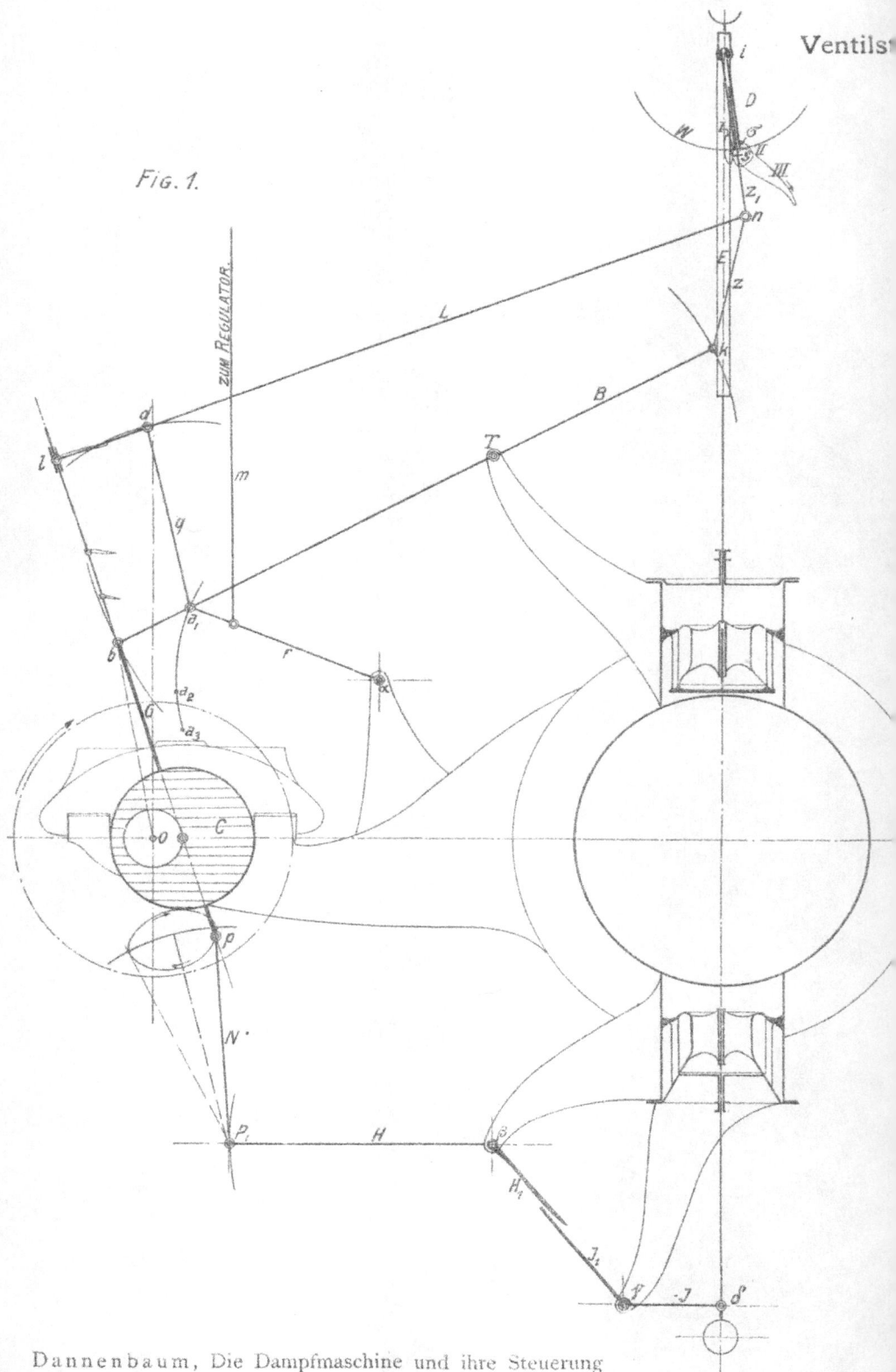

Ventils...

Fig. 1.

ZUM REGULATOR.

Dannenbaum, Die Dampfmaschine und ihre Steuerung

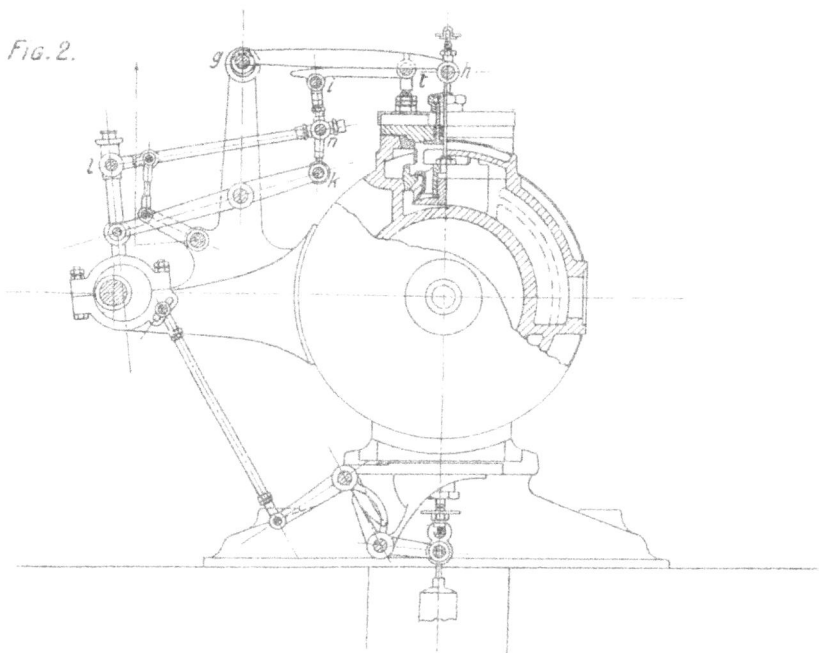

Fig. 2.

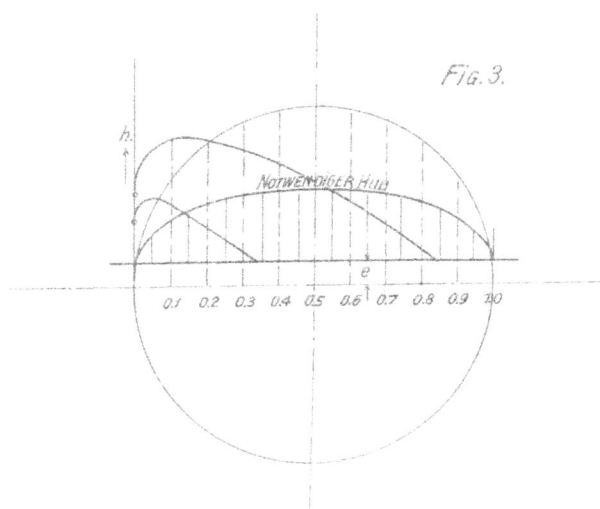

Fig. 3.

NOTWENDIGER HUB

0.1 0.2 0.3 0.4 0.5 0.6 0.7 0.8 0.9 1.0

Verlag von R. Oldenbourg, München u. Berlin

. Auf der Steuerwelle O ist wie gewöhnlich in der Ebene der Einlaßventile je ein Exzenter C aufgekeilt. Die Exzenterstange G greift im Punkte b_1 das eine Ende des in t drehbaren Hebels B, während das zweite Ende K desselben mit der Stange Z verbunden ist, die eine Stoßplatte s trägt und sich mit ihrer Verlängerung in der zentralen Bohrung einer Schwinge D führt, welch letztere gleichfalls mit einer Anschlagscheibe σ ausgerüstet ist. Die Schwinge D hängt, in i drehbar, zusammen mit einem Rahmen E, der das Ventil trägt und durch eine Feder oder ein Gewicht abwärts gedrückt wird. In dieser Form ist die Ventilsteuerung meistens ausgeführt.

In der Mittellage Og des Exzenters steht die Kurbel um den Voreilwinkel δ vor dem Hubwechsel, und die beiden Anschlagscheiben s und σ sind um den Betrag $e =$ der Einlaßdeckung voneinander entfernt. Kommt die Kurbel in die tote Lage, so gelangt das Exzenter in die Stellung ok. wobei das Ventil bereits um $v_e =$ der Voreinströmung gehoben ist.

Das Anheben des Ventils begann schon früher, in der Lage $O_i =$ Gegendampf. Hierbei stand der Hebelendpunkt b_1 in b_2 Wenn man den Exzenterkreis aus b_2 mit der Länge $b_2 i$ der Exzenterstange durchschneidet, so gibt der Schnittpunkt n die Exzenterlage On, bei der das Ventil abschließt. Der Expansionswinkel ist mithin gleich dem Kurbelwinkel $k\,On$, und von nun an entfernt sich die Anschlagscheibe s von σ, bis bei Oi wieder die Berührung und der Anhub beginnt.

Würde man nun während des Ventilhubs, veranlaßt durch den Haupthebel B, die Stange Z verkürzen, indem man sie durchbiegt (in Fig. 73 punktiert gezeichnet), so wird der Rahmen E wohl mit dem Punkte b steigen, gleichzeitig wird aber σ und der Rahmen E der zurückweichenden Scheibe s nachsinken, und man wird das Ventil, je nach der Größe der Durchbiegung früher oder später zum Aufsitzen bringen.

Diese Verkürzung wird erreicht durch den der Collmann-Steuerung charakteristischen Kniehebelmechanismus $k - n - i$ (Fig. 1 u. 2, Tafel X).

In Fig. 1 ist B der Haupthebel, der in k die Stange Z erfaßt, die den einen Teil des Knies bildet, während Z_1 mit s und D mit σ den anderen Teil bilden. Im Gelenk n tritt zu den Stangen Z und Z_1 noch die Auslösestange L. Das zweite Ende der Auslösestange sitzt mittels der Hülse l an der Verlängerung der Exzenterstange und kann durch die Hängestange q, den Hebel r und endlich die Stange m vom Regulator gehoben oder gesenkt werden. Steht nun die Hülse l höher, so ist die Auslösestange L und mit ihr der Punkt n gezwungen, die größeren Ausschläge der Exzenterstange mitzumachen. Die Durchbrechung des Knies wird eine viel kräftigere sein als bei tiefer Lage von l. Die Aufwärtsbewegung von s wird rasch überflügelt, und es stellt sich kleine Füllung heraus.

Der Mittelpunkt s der Stoßplatte beschreibt eine Schar von Kurven, welche die Änderung des Bewegungsgesetzes deutlich zum Ausdruck bringen, da sie in ihrer Gestalt sehr voneinander abweichen. In Fig. 1, Tafel X sind 3 Kurven, I, II, III, herausgezeichnet, die der tiefsten (I), der höchsten (III) und einer mittleren Lage (II) entsprechen. Da, wo die Kurve I in den Kreis w eintritt, beginnt das Anheben des Ventils, wo sie den Kreis verläßt, beginnt die Expansion. In der höchsten Lage des Regulators tangiert die Bahn von s, die Kurve III, den Kreis W, es findet also Nullfüllung statt. Der Punkt der Kurven, der der Voreinströmung entspricht, liegt auch bald höher, bald tiefer im Kreise W, das lineare Voreilen ist daher stark variabel, es wächst mit der Füllung. Solche Verhältnisse sind für die Praxis nicht brauchbar, daher ist die Anordnung entsprechend zu ändern, sie wird unter Zuhilfenahme von Gegenhebeln (s. w. u.) brauchbar gemacht.

Die Auslaßsteuerung, Fig. 73 und Tafel X, 1 u. 2, wird auch vom Exzenter abgeleitet; der Ventilhebel H wird durch die Zugstange N bewegt, die im Punkte p am Exzenter angreift. Dieser Verbindungspunkt beschreibt eine ellipsenähnliche Kurve (Fig. 73 und Tafel X, 1), die im Sinne des Pfeiles durchlaufen wird.

Macht man die Annahme, daß die Kompression des Vorderdampfes bei der Lage $O w$ (vor dem Gegendampf bei $O i$) die Ausströmung des Hinterdampfes bei der Lage $O d$ des Exzenters eintreten soll, so sucht man sich die beiden Ellipsenlagen, die entsprechend liegen, in m und v. Halbiert man $m - v$ in y und errichtet das Lot U, so muß der Endpunkt des Hebels H auf U liegen, für den Fall, daß der zweite Arm des Hebels H_1 den Hebel J_1 gerade berührt, also die Ausströmung oder die Kompression gerade beginnt (punktiert in Fig. 73). Die Länge der Hebelarme richtet sich nach dem zu erzielenden Ventilhube.

Fig. 2 auf Tafel X zeigt die moderne Collmann-Steuerung mit langen Gegenhebeln, die namentlich für schnellaufende Maschinen angewendet wird (300—400 Umdr. pro Minute).

Dieser Gegenhebelmechanismus $i t g h$ wirkt in folgender Weise: Im ersten Momente der Ventileröffnung legt sich die Schiene $i t$ infolge der Aufwärtsbewegung von i bei h gegen die Schiene $g h$, wodurch das oben am Zylinder sitzende Ventil langsam angehoben wird. Im nächsten Bewegungsmoment aber rückt infolge der abwälzenden Bewegung der beiden Schienen der Berührungspunkt derselben gegen i vor, und es erfolgt eine immer rascher werdende Ventilbewegung aufwärts. In ähnlicher Weise erfolgt der Ventilschluß sehr rasch im Anfang, in den letzten Bewegungsmomenten jedoch wird infolge der entgegengesetzten Abwälzung der beiden Schienen und der Verlegung des Berührungspunktes derselben nach h zu das Ventil langsam auf seinen Sitz gesetzt.

Für den Auslaß ist die Zugstange in einem Schlitz verschieblich angebracht, welcher die Einstellbarkeit der Kompression von 0—50% zuläßt, also selbst bei sehr veränderter Ausströmung ausreichend weite Grenzen bietet.

Diese sog. Wälzungshebel werden heute sehr viel angewendet und bieten ein sehr wirksames Mittel dar, jede Bewegung, die man haben will, zu erreichen; sie sind als doppelarmige Hebel anzusehen.

Ein ähnliches Organ wie die Wälzungshebel sind die Schwinge-daumen oder Profilbahnen, wie sie beispielsweise bei der neuerdings vielfach angewendeten Ventilsteuerung von Lentz vorkommen. Der Zweck dieser Organe ist derselbe, nämlich den Stoß bei Beginn der Ventilerhebung und am Ende der Senkung zu vermeiden.

Von einem auf der Steuerwelle befindlichen Exzenter wird ein um einen festen Drehpunkt schwingender Hebel angetrieben, der außen eine nach bestimmter Form ausgebildete Lauffläche hat. Auf dieser arbeitet die mit dem Ventil in direkter Verbindung stehende Rolle, je nach der An-ordnung mit oder ohne Hebelzwischenschaltung, die, wie Fig. 74 zeigt, bei Linksschwingung heraufgedrückt wird, so daß das Ventil sich öffnet. Bei der Rechtsbewegung gehen alsdann Rolle und Ventil, die durch eine starke Ventilfeder mit der Profilbahn in Verbindung gehalten werden, durch den Federdruck wieder zurück. Die Bewegung der Rolle und damit des Ventils läßt sich durch geeignete Ge-staltung der Laufbahn auf einen be-liebig großen Teil des Exzenterhubs ausdehnen. Soweit nämlich die Flä-chen Kreisbögen sind, um den Hebel-drehpunkt D geschlagen, verursachen sie keine Bewegung der Rolle wie in der Figur an beiden Seiten; das an-

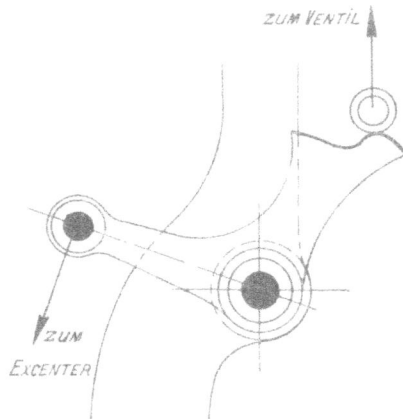

Fig. 74.

steigende Verbindungsstück der beiden konzentrischen Kreisbögen verursacht die Erhebung oder Senkung der Rolle, wenn sie auf diesem Teil arbeitet. Es ist ohne weiteres ersichtlich, daß hierdurch, unabhängig von der Exzenterbewe-gung, der Ventilhub beliebig groß gemacht werden kann, er hängt lediglich von dem Unterschied der beiden Halbmesser der Endbegrenzungskreise ab. Auch der Leerlauf der äußeren Steuerung läßt sich leicht herbeiführen, indem nämlich der Schwingedaumen bei noch weiterer Rechtsbewegung außerhalb des Rollenbereichs kommt, oder indem man statt des Daumenhebels eine den Unrundscheiben ähnliche Konstruktion ausführt (Fig, 75 u. 76) und so das beim Wiederauftreffen der Führungsbahn auf die Rolle entstehende Geräusch vermeidet.

Zur Erzielung veränderlicher Expansion wird bei der vorliegenden Steue-rung das schon beim einfachen Muschelschieber besprochene Mittel der Ver-änderung des Voreilwinkels und der Exzentrizität angewandt. Das Antriebs-exzenter des Schwingedaumens wird durch einen Achsenregulator verstellt und veranlaßt auf diese Weise eine Änderung in der Ausschwingung und damit ein späteres oder früheres Eintreten des Ventilschlusses beim Einlaßventil. Die Vermeidung von Stößen bei Ventileröffnung und -schluß wird durch einen allmählichen Übergang von der einen konzentrischen Kreisbahn zur anderen herbeigeführt Es lassen sich auf diese Weise sehr einfache und durchsichtige Gestängeanordnungen erzielen, die namentlich auch für große Umlaufszahlen geeignet sind und bei guter Ausbildung von Gestänge und Führungsbahnen und richtiger Abmessung der Federn einwandfrei arbeiten, weshalb sich auch die immer größer werdende Anwendung der Lentz-Steuerung erklärt.

In Fig. 1—4 auf Tafel XI sind Anordnungen für eine liegende und eine stehende Maschine mit dieser Steuerung dargestellt. Bei der liegenden Anordnung besteht die Verstellvorrichtung aus einem mit der Antriebswelle fest verbundenen Stein, der von dem aufgeschlitzten Exzenter umfaßt wird.

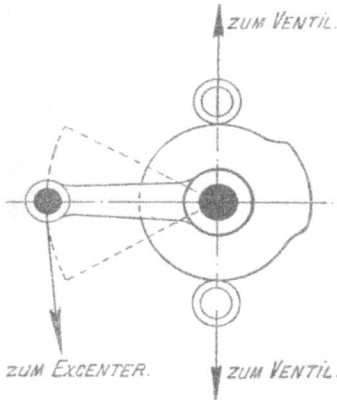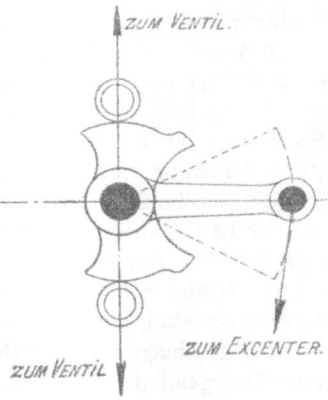

Fig. 75.   Fig. 76.

Der Mittelpunkt dieses letzteren bewegt sich somit in einer geradlinigen Bahn. Der Regulator faßt das Exzenter mit einem kleinen Stein, der in einem Schlitz rechtwinklig zum ersten größeren Schlitz sich bewegen kann, und verdreht es, verschiebt damit also den Exzentermittelpunkt im Schlitz.

Die Anordnung der Steuerung bei stehenden Maschinen zeichnet sich durch besonders große Einfachheit aus, wie Fig. 1 u. 2, Tafel XI zeigt. Die Ventilspindeln treten hier aus ihrem Gehäuse nach der Mitte des Zylinders zu senkrecht heraus, die Profilbahnen sind für die Einlaß- und für die Auslaßventile gemeinsam und werden durch je ein direkt auf der Kurbelwelle sitzendes Exzenter bewegt. Das Exzenter für die Einlaßventile wird in ähnlicher Weise, wie vorher beschrieben, vom Regulator beeinflußt. Es ist hier allerdings eine gewisse Abhängigkeit der beiden Zylinderseiten voneinander vorhanden, die indessen durch die große Freiheit in der Gestaltung der Kurvenbahnen nicht weiter störend wirkt. Da ein und derselbe Voreil-

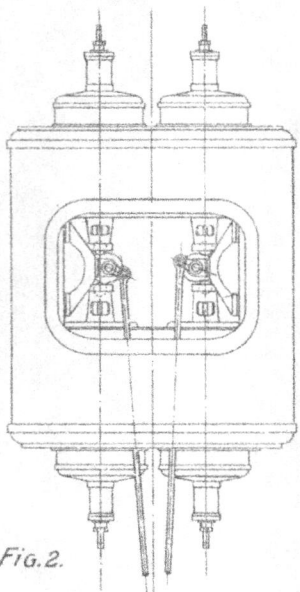

FIG.2.

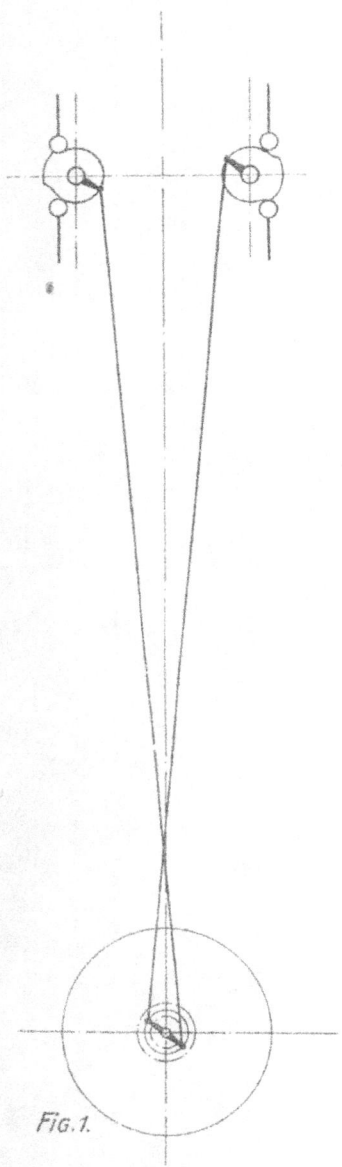

FIG.1.

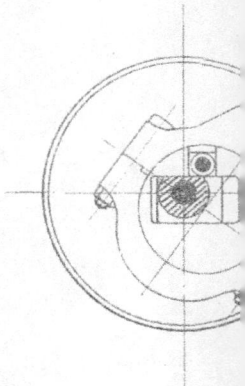

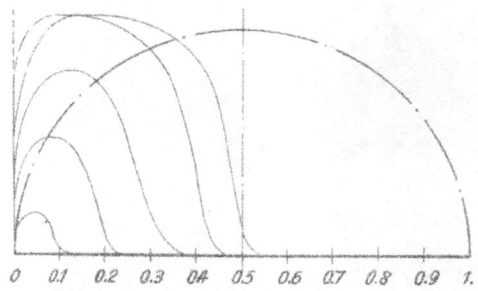

| 0 | 0.1 | 0.2 | 0.3 | 0.4 | 0.5 | 0.6 | 0.7 | 0.8 | 0.9 | 1. |

FIG.5.

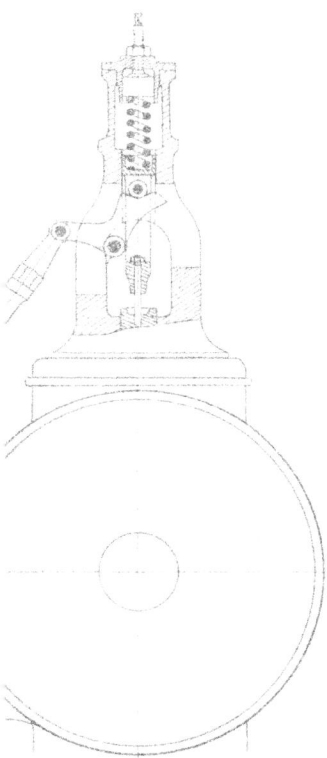

Fig. 3.

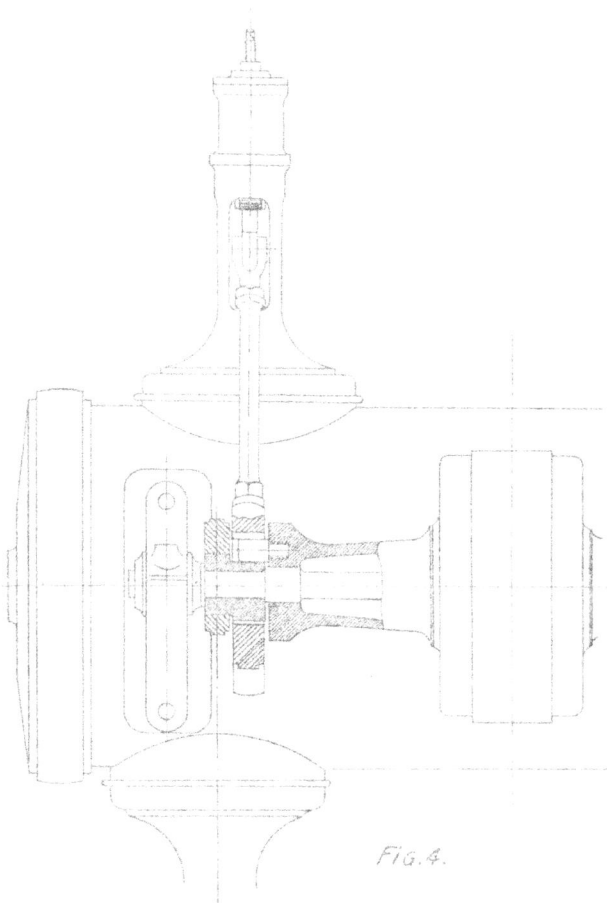

Fig. 4.

Verlag von R. Oldenbourg, München u. Berlin

winkel für beide Seiten vorhanden ist, so muß, um verschiedene Füllungen
oben und unten zu erlangen, die Einlaßdeckung verschieden gemacht
werden, was in diesem Falle verschieden großen Ausschlägen der Schwinge-
daumen aus der Mittellage durch entsprechende Einstellung des Exzenter-
gestänges entspricht.

Auch bei diesen Steuerungen gibt allein die Schieberellipse, genau
wie bei der Collmann-Steuerung, ein völlig richtiges Bild der Dampfverteilung
(Fig. 5, Tafel XI). Es lassen sich für den letztbesprochenen Fall allerdings
auch Steuerungsdiagramme nach Art der Schieberdiagramme bei veränder-
lichem Voreilwinkel nach Müller und Zeuner aufzeichnen, indessen geht
daraus nur ein sehr angenähertes Bild der eigentlichen Steuerungsverhält-
nisse hervor, Kolbenstellung bei Eröffnung des Ventils und Schluß desselben, nicht aber, infolge der Zwischenschaltung der Profilbahnen, eine
Darstellung der herrschenden Geschwindigkeitsverhältnisse. Sie können
allein nur aus den Ventilerhebungskurven (Fig. 5), die in ihrer Gestaltung
der Schieberellipse entsprechen, ermittelt werden.

Die Gestaltung der Profilbahnen und in entsprechendem Maße auch
der Wälzungshebel ist nun nicht nur von der Größe und dem Zeitpunkt
der zu erlangenden Ventileröffnung bzw. des Ventilschlusses bedingt; sie
muß auch in engem Zusammenhang mit den im Mechanismus der Steuerung
auftretenden Beschleunigungskräften stehen, damit keine Stöße in der Bewegung vorkommen und ein unnatürlich schneller Verschleiß der Bahnen
verhindert wird. Es ist ein unbedingtes Erfordernis, daß Rolle und Bahn
sich in jedem Augenblick berühren. Ein Abspringen dieser Teile voneinander kann in den Zeitpunkten möglich werden, wo die Rolle den
Übergangsteil zur Erhöhung auf dem Hin- und Rückwege passieren muß.
Das Ventil wird mit einer gewissen Geschwindigkeit von seinem Sitz
gerissen und hat das Bestreben, in dieser Bewegung zu verharren; diese
Geschwindigkeit muß verzögert werden. Beim Schluß des Ventils ist entsprechend eine Beschleunigung erforderlich. Beide Größen sind von der
Gestalt des Übergangsstückes abhängig, die Kraft, die die Beschleunigung
und Verzögerung ausübt, ist der Druck der Ventilfeder. In der Regel
bestimmt man die Gestalt des Übergangsstückes nach Erfahrungswerten
derart, daß ein sanftes und gleichmäßiges Ansteigen erzielt wird, sie läßt
sich indessen auch zahlenmäßig festlegen auf Grund ihres Zusammenhangs
mit den Beschleunigungs- und Trägheitskräften sowie den Widerständen,
die im Antrieb vorhanden sind. Der größte und ausschlaggebende Teil
dieser läßt sich ermitteln, er setzt sich zusammen aus dem Dampfdruck
gegen die Ventilspindel, dem entgegengesetzt wirkenden Federdruck, der
Stopfbüchsen- und Gelenkreibung. Ihre graphische Zusammensetzung stellt
den Druck zwischen Rolle und Profilbahn dar. Beim Anhub des Ventils
wirken sie zunächst mit den Beschleunigungskräften zusammen, ebenso auch
zu Ende des Niedersetzens, während sie in der dazwischenliegenden Periode
sich von ihnen abziehen, also das Bestreben haben, die Rolle von der

Bahn abzuheben. Durch richtige Gestalt des zugehörigen Stückes in der Profilbahn muß dieser Wirkung entgegengearbeitet werden. Für jeden einzelnen Punkt sind die herrschenden Kräfte zu bestimmen, aufzutragen und danach die Punkte der Bahn festzulegen. Die Gestaltung nach Kreisbögen vom Schwingungsmittelpunkt aus wird alsdann zu verlassen sein, denn ein völlig stoßfreier, ruhiger Gang im Gestänge ist nur auf die erwähnte Weise zu erreichen. Die Genauigkeit der Ausführung spielt allerdings dabei eine ausschlaggebende Rolle, denn bei den verhältnismäßig geringen Niveauunterschieden in den Profilbahnen können schon kleine Differenzen zu schlechter Wirkungsweise Veranlassung geben.

Hartmann-Steuerung.

Es wurde schon zu Anfang des Abschnitts über die zwangläufigen Ventilsteuerungen hervorgehoben, daß von einer vollkommenen Zwangläufigkeit der Steuerungsbewegung nicht gesprochen werden kann, und zwar ist dies bei den beiden angeführten Systemen und bei der großen Anzahl der außerdem existierenden der Fall. Die Ventilbewegung folgt zwar in allen Phasen dem Steuerungsgetriebe, gleichzeitig wird aber während des Anhubs ein Spannwerk in Tätigkeit gesetzt, das die zum Schließen erforderliche Kraft in sich aufspeichert. Es ist so zu bemessen, daß es alle auftretenden Widerstände überwinden kann und die zueinander gehörenden Steuerungsteile, Wälzhebel, Schwingedaumen und Rolle, zusammenhält. Hierbei kommt also alles auf die richtige Dimensionierung dieses Kraftschlusses an, ist er zu stark, so können die oben erwähnten Beschleunigungskräfte leicht zu groß werden, während bei zu schwachem Kraftschluß der rechtzeitige Schluß des Ventils nicht gesichert ist. Die hierfür fast ausschließlich in Anwendung kommenden Spiralfedern bedürfen des öfteren Nachsehens und, da ihre Spannkraft sich verändern kann, auch des Nachstellens, und dadurch ist immer eine Fehlerquelle vorhanden.

Diese Übelstände lassen sich vermeiden, wenn man die Ventilbewegung sowohl beim Anhub als auch beim Schluß zu einer vollkommen zwangläufigen macht, wie es bei der Ventilsteuerung von Prof. W. Hartmann durchgeführt ist. Eine ausführliche Beschreibung und Ableitung derselben findet sich im Jahrbuch der Schiffbautechnischen Gesellschaft 1905, der auch die folgenden Daten entnommen sind. Bei dieser Steuerung erfolgt die notwendige Bewegung der Ventile wie gewöhnlich von einer rotierenden Welle durch Exzenter und Exzenterstange. Die Schwingbewegung der Exzenterstange wird nun durch den vorhandenen Mechanismus derartig verändert, daß das Ventil zeitweise eine geradlinige senkrechte Hubbewegung macht und darauf in Ruhe verharrt. Zur Erzeugung der Hubbewegung verwendet Hartmann die Geradführung, der das Rollen eines Kreises in einem doppelt so großen Kreise zugrunde liegt. Jeder Punkt der Peripherie des kleinen Kreises beschreibt eine Gerade, kann also als Angriffspunkt der Ventilstange dienen, an einem beliebigen anderen Punkte der

Peripherie greift die Exzenterstange an. Zur Herbeiführung der Ruhelage des Ventils wird die Rollbewegung der beiden Kreise in eine Schwingbewegung des kleinen Kreises um den Angriffspunkt der Ventilstange, wenn sie sich in ihrer tiefsten Lage befindet, verwandelt. Diese Drehbewegung ist ohne Einfluß auf die Bewegung des Ventils selbst, es bleibt während dieser Zeit geschlossen. Da der Übergang von der einen zur anderen Bewegung in dem Moment erfolgt, wo keine Geschwindigkeit mehr vorhanden ist, so entstehen auch keine Stöße, die schädlich auf das Gestänge wirken können.

Beide Bewegungen, Roll- und Drehbewegung, müssen nun derartig hervorgerufen werden, daß eine Abweichung von ihnen unmöglich ist; sie müssen vollkommen zwangläufig sein. Die Erzwingung kann so ausgeführt werden, daß man einige weitere Punkte der Peripherie des kleinen Kreises als Führungspunkte ausbildet und in ihnen Rollen auf einer entsprechend

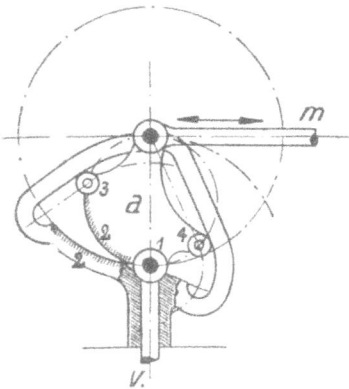

Fig. 77.

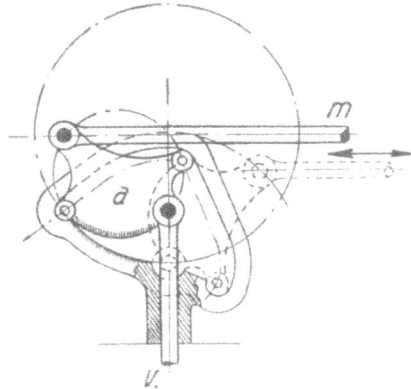

Fig. 78.

gestalteten festen Bahn laufen läßt (Fig. 77 u. 78). Punkt 1 ist der Angriffspunkt der Ventilstange, *m* ist die Exzenterstange, 3 und 4 sind Führungsrollen, die auf starrer Bahn laufen. Fig. 77 zeigt den Punkt, bei welchem die Rollbewegung in die Drehbewegung verwandelt wird. Die Pausen in der Ventilbewegung, die durch diese Drehung um Punkt 1 herbeigeführt werden, lassen sich durch Änderung der Hubbewegung der Exzenterstange, ähnlich der bei der Collmann- oder Lentz-Steuerung, beliebig groß machen und damit auch die Füllungsverhältnisse variieren.

Die Führung durch Rollen ist hierbei ein unbequemes Element, sie besitzt noch die nicht zwangläufige Eigenbewegung der Rollen um ihre Achse, die nicht kontrolliert werden kann. Man kann sich von ihr befreien, indem man eine Zwangsführung des Gliedes *a* durch identische Wiederholung desselben und Führung in entsprechender fester Bahn herbeiführt, wie Fig. 79 zeigt. Der Mittelpunkt, um den die Glieder *a* und *b* ihre Be-

wegungen ausführen, beschreibt selbst eine aus zwei Kreisbögen bestehende
s-förmige Bahn; der nach oben offene Kreisbogen wird von *a* während der
Rollbewegung, von *b* während der Drehbewegung beschrieben, der nach
unten offene von *a* während der Drehbewegung und von *b* während der
Rollbewegung. Auf diese Weise wird die gesamte Bewegung vollkommen
zwangläufig gestaltet. Fig. 80 zeigt eine konstruktive Ausführung des
Mechanismus, bei der indes die Bahn des Körpers *b* federnd und nach-

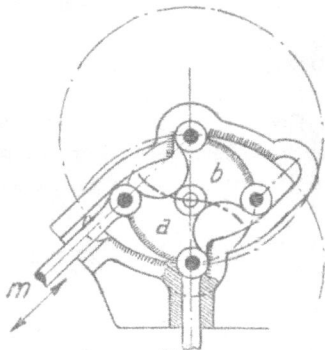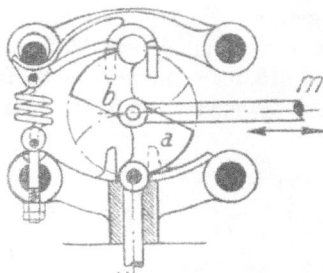

Fig. 79.   Fig. 80.

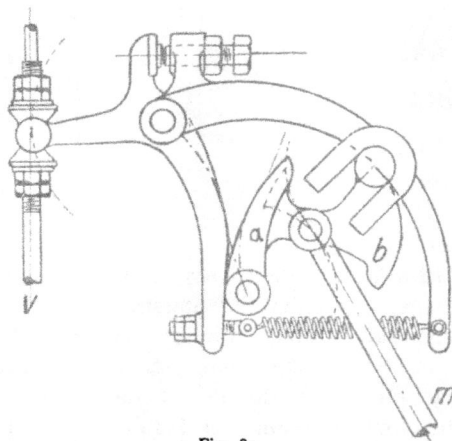

Fig. 81.

giebig gelagert ist, um den Ausdehnungen durch Erwärmung und den vorkommenden Ungenauigkeiten in der Bearbeitung zu begegnen. Diese Ausführung muß direkt über der Ventilstange angeordnet werden, was in
mancher Hinsicht unerwünscht werden kann, namentlich wenn Ventil und
Ventilsitz öfters nachzusehen sind. Vorteilhafter ist in solchen Fällen die
Anordnung mit Hebelübertragung und Geradführung der Spindel nach
Fig. 81. Hierbei muß naturgemäß die Gestalt der Rollbahnen und die

Lage des Drehpunktes der Rollglieder besonders festgelegt werden. Fig. 82 zeigt eine etwas abweichende Ausführung hinsichtlich der Herbeiführung der Drehbewegung. Die Erzielung veränderlicher Expansion ist hierbei durch einen auf der Exzenterwelle sitzenden Achsenregulator bewirkt.

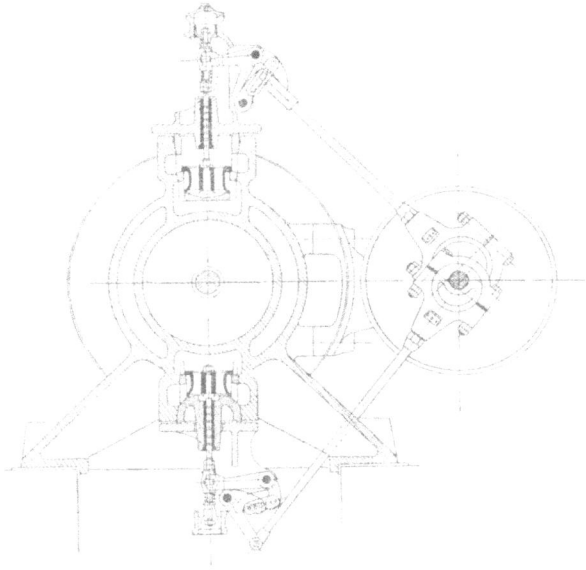

Fig. 82.

Ein prinzipieller Nachteil aller Ventilsteuerungen mit sog. zwangläufiger Bewegung ist ihre schwierige Regulierung. Sie fordern im Gegensatz zur Ausklinkungssteuerung eine große Stellkraft, weil der Regulator unter vollem Druck zu wirken hat. Dadurch findet ein starker Rückdruck auf ihn statt, dem man nur durch besonders große und schwere Urnen begegnen kann. Auch der Antrieb des Regulators muß sehr genau und zuverlässig sein, im Gegensatz zu demjenigen bei den Ausklinksteuerungen, bei denen ein einfaches Wattsches Pendel, mit Riemenübertragung angetrieben, genügt.

Zum Schluß möge noch auf Grund der angeführten Beispiele eine zusammenfassende Übersicht über die Brauchbarkeit und Beliebtheit der drei Diagrammarten in der Praxis gegeben werden.

Das Müllersche Steuerungsdiagramm, von Prof. Müller in Stuttgart herrührend, hat erst nach einigen Änderungen die hier gebrauchte Gestalt erhalten. Es wird in der Praxis verhältnismäßig wenig angewandt, obgleich es sehr einfach, anschaulich und natürlich ist. Bei Vernachlässigung der Stangenlängen gibt es das sinus-versus-Gesetz wieder und liefert ein tatsächliches Bild ohne künstliche Herleitung. Sein größter Vorteil ist der innige Zusammenhang mit dem Dampfdiagramm.

Dasselbe Diagramm, um $90^0 + \delta$ verdreht, ist von Prof Reuleaux in Charlottenburg veröffentlicht, indessen nur als rein zeichnerisches Verfahren ohne Angabe des Zusammenhangs mit dem Dampfdiagramm. Da aber beide in Wirklichkeit das gleiche erreichen, bezeichnet man diese Art der Darstellung auch wohl als Müller-Reuleauxsches Diagramm.

Die Schieberellipse von Redtenbacher übertrifft das Müllersche Diagramm noch an Anschaulichkeit, da sie Kolbenstellung und Schieberweg zugleich wiedergibt; sie wird ferner stets angewendet, wenn Unsymmetrie durch die endlichen Stangenlängen hineinkommt, und ist unentbehrlich bei den komplizierten sog. Präzisionssteuerungen, bei denen die Kreisbewegung aufhört und getrennter Antrieb vorhanden ist.

Das Kreisdiagramm von Zeuner ist das verbreitetste aller Systeme, im Ausland wird es ausschließlich angewandt. Zeuner hat das große Verdienst, die erste wissenschaftliche Entwicklung der Schieberbewegung gegeben zu haben. Der Mangel seines Vorgehens indes ist die rein analytische Darstellung. Er erhält rein analytisch die Gleichung für den Schieberweg, diskutiert diese ebenso und setzt gleichfalls dann das Fehlerglied gleich Null. Die übrigbleibende Gleichung ist die Polargleichung eines Kreises. Durch die Polarkoordinaten läßt sich die Vorstellung nur schwierig aufrecht erhalten, man hat zwar ein geometrisches Resultat, aber unter Abstraktion von den wirklichen Verhältnissen.

Die Entwicklung läßt sich, wie gezeigt, einfacher machen. Das Fehlerglied der Zeunerschen Gleichung stellt den Einfluß der endlichen Stangenlänge dar, den man von Anfang an zu vernachlässigen hat. $L = \infty$ muß Voraussetzung sein, nicht der Schluß einer langen Entwicklung.

$\xi = r \sin(\delta + \alpha)$ ist genau die von Zeuner erhaltene Gleichung ohne jeden umständlichen Weg.

Das gewonnene Resultat ist nun von Zeuner als einfaches zeichnerisches Verfahren behandelt, und dieses stellt, wie früher gezeigt, alles unwirklich dar, da die Bewegung, die untersucht werden soll, linear ist, nicht polar.

Die große Verbreitung dieses Diagramms hat es in erster Linie durch das Buch von Zeuner gefunden, sodann auch dadurch, daß es verhältnismäßig am schnellsten aufzuzeichnen ist und für die ersten Entwürfe und Berechnungen am geringsten Zeit erfordert; dabei ist aber seine Ungenauigkeit an den entscheidenden Stellen, der Voreinströmung und der Kompression, ein großer Mangel und ein weiterer, noch schwerwiegenderer das Fehlen des direkten Zusammenhangs mit dem Dampfdiagramm.

www.ingramcontent.com/pod-product-compliance
Lightning Source LLC
Chambersburg PA
CBHW031446180326
41458CB00002B/667